Excel

影响力

数据分析　　**可视化**　　**AI办公**

熊王◎著

清華大学出版社

北　京

内容简介

本书致力于全方位提升读者的数据分析、可视化与智能办公的综合能力。

数据分析方面：前5章内容均属于数据分析方面的，第1章（工具篇）讲解目前主流的两大办公软件微软 Excel 2019 和 WPS Office（表格）2019 的特色功能与应用。第2章（效率篇）全面提高数据处理、统计等的效率，掌握高效的数据分析操作方法。第3章（整理篇）主要讲解数据整理与查找定位。第4章（函数篇）讲解工作中常用的函数，尤其是重要的函数嵌套。第5章（分析篇）讲解数据透视表和数据透视图各项综合应用。可视化方面：第6章（图表篇）以图表的制作、设计和动态图表的呈现为主。如何把处理好的数据转换成合适的图表，以及如何实现动态图表的制作？本章会给你答案。智能办公方面：第7章（代码篇）主要讲解宏和VBA功能以及应用。第8章（AI篇）主要讲借助AI工具提升数据分析效率。AI工具能极大地提高工作效率，尤其是在数据分析领域，原本很复杂的代码、很烦琐的操作，交给AI可以非常轻松地解决。

不管是刚刚接触数据分析的新手，还是经常进行数据分析的老手，抑或是经常使用各种数据分析工具的职场达人，都能在本书中得到启发和收获。

图书在版编目（CIP）数据

Excel影响力：数据分析·可视化·AI办公 / 熊王著. —北京：清华大学出版社，2024.6（2025.2重印）

ISBN 978-7-302-66136-8

Ⅰ．①E… Ⅱ．①熊… Ⅲ．①表处理软件 Ⅳ．①TP391.13

中国国家版本馆CIP数据核字（2024）第085666号

责任编辑： 袁金敏
封面设计： 杨纳纳
责任校对： 胡伟民
责任印制： 沈　露
出版发行： 清华大学出版社
　　　　　网　　址：https://www.tup.com.cn，https://www.wqxuetang.com
　　　　　地　　址：北京清华大学学研大厦A座　　　　　邮　　编：100084
　　　　　社 总 机：010-83470000　　　　　　　　　　邮　　购：010-62786544
　　　　　投稿与读者服务：010-62776969，c-service@tup.tsinghua.edu.cn
　　　　　质 量 反 馈：010-62772015，zhiliang@tup.tsinghua.edu.cn
印 装 者： 三河市天利华印刷装订有限公司
经　　销： 全国新华书店
开　　本： 180mm×210mm　　　**印　　张：** 12.5　　　**字　　数：** 415千字
版　　次： 2024年6月第1版　　　**印　　次：** 2025年2月第3次印刷
定　　价： 99.00元

产品编号：104179-01

推荐语

在浩瀚无边的数据宇宙中,我已经是一位驾驭着 Excel 飞船的老船长。遇见本书,本以为它只是星海中的又一颗小行星,没想到它却像一颗带有超级加速器的新星,让我这个老船长也佩服不已。本书不仅成功地梳理了 Excel 的基础功能和高级技巧,更可贵的是涉猎了 AI 工具在数据分析中的应用,预示着未来 Excel 应用的发展方向。我推荐给所有 Excel 爱好者,无论你是刚开始探索这片星海的新手,还是已经驾驭飞船多年的老船长,这本书都将是你宝贵的指南星,引领你发现更多可能。

——周庆麟,Excel Home 站长

现在 AI 越来越发达,很多人觉得以后有什么问题交给 AI 就行了,其实这种想法不对。要让 AI 帮忙,越要练好专业基本功。学好 Excel,才能让你更好地理解 AI 计算,才能放大你的影响力。

——秋叶,秋叶品牌、秋叶 PPT 创始人

如果你想要在 AI 时代提高自己的数据处理和分析能力,一定不要错过熊王老师的新书。这本书是 Excel 领域的经典之作,涵盖了从基础到高级的各种知识和技巧,让你轻松掌握 Excel 的精髓。熊王老师是一位资深的数据教育专家和微软最有价值专家(MVP),他用生动有趣的语言、大量的实例和练习,将数据处理的原理和方法讲解得通俗易懂。这本书将帮助你提升 Excel 水平,增强数据思维,提高工作效率,让你在数据时代脱颖而出。

——梁迪,微软最有价值专家项目大中华区负责人

第一次见到熊王老师,可以用"眼前一亮"来形容,那绝对是可以靠颜值吃饭的大帅哥,可他偏偏选择了技术;第一次看他写的 PPT 一书,又是"眼前一亮",书籍无论是排版装帧还是内容都十分精彩。所以我相信,本书也不例外。果然,看完样章又是让我"眼前一亮"!书中绝大多数都是让人瞄一眼就能看明白的浅显文字,通过一百多个案例,将现实中常见的问题描述得非常透彻。另外,本书在传统函数、透视表、图表、VBA 等基础上,还添加了新版特色功能和 AI 功能,并且同时讲解了 Excel 和 WPS,让读者可以切切实实从中受益。

——方洁影(网名小妖同学),微软 MVP、金山 KVP

这是一本集高效学习与实战应用于一体的 Excel 宝典。熊王老师精准把握学习痛点,提炼核心功能与函数,结合实例深入剖析,让你轻松掌握数据处理与分析的精髓。从不同版本 Excel 的

工具特色到效率提升，从数据整理到函数应用，再到数据分析与图表制作，内容全面，结构清晰，实用性强。特别加入的 AI 工具应用，让数据分析更高效、更智能。本书不仅是学习 Excel 的必备指南，更是提升数据分析能力的强大武器，强烈推荐给追求卓越、渴望成长的职场人士！

——白永乾，Excel 资深培训师

熊王老师，是一位很有经验的办公软件讲师，由于长期与一线的用户接触，所以十分了解 Excel 在职场中的实际应用。熊王老师的这本书是 Excel 用户的宝典，涵盖从基础到高级功能，通过实用的 VBA 和 AI 洞察力，让读者即学即会，能迅速运用到职场中。

——张卓，自媒体"Excel 卓哥说"主理人

熊王老师这本 Excel 精选日常工作中最常用的知识点和案例，以图文并茂的方式进行讲解，实用性强，便于读者理解和学习。同时兼顾 Excel 和 WPS 表格用户，适合读者快速进阶，并应用到实际工作中。如果你想提高工作效率，这本书将是你不二的选择。

——祝洪忠，ExcelHome 技术论坛版主

Excel 的版本越来越多，功能也越来越多，对于想要通过自学掌握 Excel 的人群来讲，首先要找对学习目标，把有限的学习精力投入到最有价值的功能点上。熊王老师这本书在 Excel 和 WPS 众多的版本中为读者精选了通用性和实用性俱佳的功能，并且整合了 100 多个经典场景案例，为高效地学习 Excel 提供了一条便捷之路。

——方骥，微软 MVP、《Excel 这么用就对了》作者

这本书精准破解了众多 Excel 学习者面临的"记不住，用不起来"的难题。书中精选 Excel 职场应用的真实案例，使读者能快速掌握工作中常见问题的核心解决方案。全书从工具篇到 AI 篇，层次分明，涵盖了从新版特色功能到数据透视分析，再到数据分析可视化的全方位实战技巧，尤其注重实战与原理的深度融合，让你不仅学会操作，更能理解其背后的逻辑，真正实现从入门到精通的跨越。无论你是 Excel 初学者还是寻求进阶之道的数据分析者，这本书都是你提升办公效率、增强数据分析能力的理想伙伴。

——凌祯，《Excel 数据分析可视化》《AI 智能办公：从训练 ChatGPT 开始》作者

这是一本不容错过的数据分析宝典！涵盖丰富的内容，从数据整理到函数应用，再到数据透视表和图表制作，以及代码和 AI 工具的运用。由浅入深，全方位提升数据处理与分析能力，实现高效智能办公，提升工作效率！

——赵保恒，微软数据分析方向最有价值专家 MVP

"老师，Excel太难了！功能细碎、函数繁多，记不住，而且遇到了实际问题，一脸茫然，不知道该从哪方面入手……"，以上是我在培训Excel软件过程中，学员反馈最多的问题。这反映出大家平时学习Excel的常见痛点：记不住，更用不起来！

如何才能突破呢？首先，"记不住"往往是因为要记的太多，而且没有完全理解造成的。所以对于这个问题，我的建议就是只记少量常用的功能和函数即可，Excel的学习同样遵循经典的"二八原则"，只需要掌握小部分的功能和函数，就能解决工作中大部分的问题。这样记忆的量就变少了很多，然后重点理解常用的功能和函数，并能结合实际的实例进行综合应用演练，当下次在工作中遇到类似的问题，就能迅速找到对应的解决方案。

以上方案有两个关键点：一是提炼工作中常用的功能与函数；二是能将这些功能、函数与实际实例相结合，融合原理讲解和实际操作，这样才能达到更理想的学习效果。为此，本书整合了132个常用的实例，每个实例都是一个经典的问题，掌握其中的功能与函数以后，就能解决同类型的问题，而且实例是带视频讲解的。具体安排如下。

第1章：工具篇，讲解目前主流的两大办公软件微软Excel 2019和WPS Office 2019（表格）的特色功能与应用。新版的微软Excel 2019中新增了很多好用的函数，如XLOOKUP、TEXTJOIN等，弥补了很多传统函数的短板，极大地提高了效率。国产的WPS Office 2019（表格）也同样带来了很多的惊喜，尤其是新增了很多符合国人使用习惯的各项功能和操作，非常贴心、方便。

第2章：效率篇，全面提高数据处理、统计等的效率。只要掌握了高效的操作方法，就能感受到"四两拨千斤"的乐趣，以前需要手动完成的操作，都可以一键批量完成，以前看似复杂的效果，其实都有高效的"秘密通道"，开启这个通道，效能就能成倍提升！

第3章：整理篇，讲解数据整理与查找定位。内容包括数据规范、数据验证、条件格式、定位条件、排序和筛选等，让数据整理、统计变得更加高效。本章非常重要，是数据清洗的关键环节，也是后续的数据分析与可视化的前提和基础。

第4章：函数篇，讲解工作中常用的函数，尤其是重要的函数嵌套。函数的数量非常多，不需要都记住，只要记住常用、典型的即可，包括统计与计数类函数、逻辑判断函数、文本类函数、日期函数、查询匹配函数等。另外，对于常见的函数报错也提供相应的剖析讲解。

第 5 章：分析篇，讲解数据透视表和数据透视图各项综合应用。这是在进行数据分析过程中非常重要的工具，相对于其他版块的学习，该版块的学习性价比非常高，呈现效果更直观，值得重点学习。

第 6 章：图表篇，以图表的制作、设计和动态图表的呈现为主。在汇报中，讲究"能图不表，能表不文"，图表传递信息的效率往往比其他形式强很多，但是如何将处理好的数据呈现为合适的图表，以及如何实现动态图表的制作？本章会给你答案。

第 7 章：代码篇，讲解宏和 VBA 功能及应用方法。宏和 VBA 对很多人而言，觉得太难了，其实只要掌握了几个核心的步骤和方法，尤其是借助它完成工作中重复性很强的工作，你就会发现，VBA 其实也没那么难。

第 8 章：AI 篇，讲解借助 AI（人工智能）工具提升数据分析效率。随着 AI 工具的普及，人们的工作效率大大提升，尤其在数据分析领域，原本很复杂的代码、很烦琐的操作，交给 AI 可以非常轻松地解决，包括 AI 写代码、洞察分析、AI 操作表格等，而且还可以融入 PY 脚本编辑器，让 Python 和 AI 为数据分析赋能。

需要说明的是，本书除了第 1 章讲解的新功能需要新版软件支持以外，学习其他章节内容时使用低版本均可完成。

本书额外赠送丰富的福利资源，包括完整配套视频教程、函数词典、Excel 快捷键大全、图表高级模板、常用函数教程及本书配套练习素材。获取方式为：关注公众号"熊王"，回复关键词"Excel 影响力"即可免费获取。

大数据时代，数据分析能力越来越重要，谁能更快洞察数据并进行综合分析，谁就能赢在起跑线上。希望本书能成为你前进方向的帮手，祝你早日成为数据分析高手！

编　者

目 录

CONTENTS

Chapter 01

工具篇
摸透工具，掌握软件的强大功能

Chapter 02

效率篇

高效操作，提升数据处理效能

2.1　高效操作：四两拨千斤，一键批处理的秘密 / 029

Chapter 03

整理篇
清洗数据，释放数据真正潜能

Chapter 04

函数篇
实用函数，实现数据分析赋能

4.6　函数报错原因与解决 / 144　

Chapter 05　分析篇
透视分析，原来透视表 / 图如此智能

5.1　智能表格与切片器 / 151　

5.2　数据透视表制作与应用 / 163

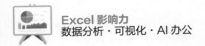

Chapter
06

图表篇
精彩图表，让汇报呈现全程高能

Chapter 07

代码篇

高级进阶，宏与 VBA 的更多可能

Chapter 08

AI 篇

人工智能，数据分析变得无所不能

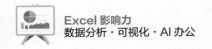

Chapter

01

工具篇

摸透工具，掌握软件的强大功能

你真的熟悉你使用的软件吗？

当你已经更新了软件，这些软件的特色功能和应用方法你都熟悉吗？无论你使用的是微软 Excel 还是金山 WPS Office（表格），本章能带你全面认识其新版本中的新功能和应用（如果你安装的版本比较低，可稍作了解，不影响后面章节的学习）。

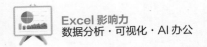
1.1 如何区分不同的表格制作软件

1.1.1 区分微软 Excel 和金山 WPS Office（表格）

目前市面上，主流的表格制作办公软件为微软 Excel 和金山 WPS Office（表格），可以通过软件的图标进行区分，如图 1-1 所示。

图 1-1

微软的 Excel 是独立的，可单独启动。而金山 WPS 的个人版（非企业定制版）将演示、表格、文字等多款软件功能集成在一起，如图 1-2 所示。

图 1-2

在打开软件以后，界面上方的功能区能看到两款软件的区别，一个明显的差异在左上方，微软 Excel 是字母 X 的小图标，金山 WPS 则是 WPS 英文字母，如图 1-3 所示。

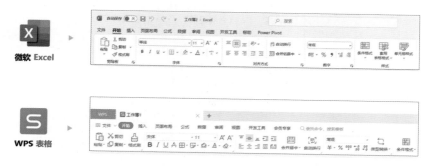

图 1-3

如何查看软件的版本信息

软件不同的版本，功能存在一定差异，需要提前了解自己的软件版本。如果使用的是微软 Excel，可以通过单击"文件"→"账户"，在窗口右上方将显示软件的版本信息，如图 1-4 所示。

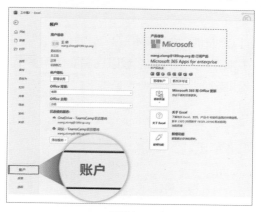

图 1-4

如果是 WPS 个人版（非企业定制版），可通过依次单击"WPS"→"全局设置"→"关于 WPS"，在弹出的对话框中即可看到版本的信息，如图 1-5 所示。

在本书中，除了第 1 章讲解的是新版特色功能需要新版软件支持以外，其他章节均可使用低版本软件学习。如果有条件，建议升级软件版本，以便获得更好的使用体验。

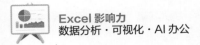

图 1-5

1.2　新版 Excel 的特色功能

本节内容适用于微软 Excel 2019、2021 及 M365 版本。部分新增函数,在新版 WPS(表格)中也适用。

1.2.1　实例 01——新增函数 IFS:多条件判断

版本要求:Excel 2019 以上及 M365 版本。

IFS 函数专门用于多条件判断。多条件的嵌套以往需要使用多个 IF 函数才能完成操作,现在使用一个 IFS 函数就可以轻松搞定。

函数语法

IFS 函数具体含义如图 1-6 所示。

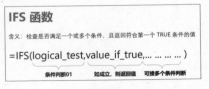

图 1-6

实战实例

判断成绩等级,90 分以上为"优秀",80 分以上为"良好",60 分以上为"及格",低于

60 分为"不及格"。

　　可在 D11 单元格中输入以下公式：

=IFS(C11>=90," 优秀 ",C11>=80," 良好 ",C11>60," 及格 ",C11<60," 不及格 ")

　　结果如图 1-7 所示。

=IFS(C11>=90,"优秀",C11>=80,"良好",C11>60,"及格",C11<60,"不及格")

图 1-7

实例解读

　　在上面的实例公式中，会先判断相应单元格中的值，如果大于 90，返回结果"优秀"；如果大于 80，返回结果"良好"；如果大于 60，返回结果"及格"；如果小于 60，返回结果"不及格"。一次性进行多条件判断，具体示意图如图 1-8 所示。

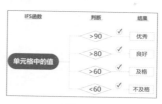

图 1-8

1.2.2　实例 02——新增函数 TEXTJOIN：高效文本连接

　　版本要求：Excel 2019 以上及 M365 版本。

　　TEXTJOIN 函数是使用分隔符连接列表或文本字符串区域。相对其他连接方法，更简便、高效。

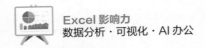

函数语法

TEXTJOIN 函数具体含义如图 1-9 所示。

TEXTJOIN 函数

含义：使用分隔符连接列表或文本字符串区域

=TEXTJOIN(delimiter,ignore_empty,text1,...)

分隔符　　　是否忽略空单元格　　连接内容

图 1-9

实战实例

将左侧表中的姓名，按部门合并在一个单元格中，并使用逗号分隔。

可在 I11 单元格中输入以下公式：

=TEXTJOIN(",",TRUE,IF($E$11:$E$39=H11,$D$11:$D$39,""))

结果如图 1-10 所示。

=TEXTJOIN(",",TRUE,IF($E$11:$E$39=H11,$D$11:$D$39,""))

图 1-10

实例解读

本实例使用 IF 函数嵌套 TEXTJOIN 函数。从里到外，先是使用 IF 函数判断 E 列 "部门" 是否等于右侧表格中的部门。如果等于，则返回相应的姓名数组，然后这个结果作为 TEXTJOIN 函数的第 3 个参数（连接内容），第 1 个参数采用的分隔符是逗号，第 2 个参数是 TRUE，意思是忽略空单元格。最后得到按部门合并姓名的结果。具体示意图如图 1-11 所示。

逗号分隔符　　　忽略空单元格

=TEXTJOIN(",",TRUE,IF($E$11:$E$39=H11,$D$11:$D$39,""))

生成符合相应部门的{姓名数组}
不符合的则返回空单元格

图 1-11

需要说明一点，如果所用版本不支持动态数组，则不能在输完公式后按 Enter 键结束，需要改用同时按下快捷键 Ctrl+Shift+Enter 结束输入，采用此种方法，公式最外围会多一对大括号，如图 1-12 所示。

图 1-12

1.2.3　实例 03——新增函数 XLOOKUP：超越 VLOOKUP 的强大存在

版本要求：Excel 2021 以上及 M365 版本。

在匹配查找中，VLOOKUP 是最经典的函数之一，但是它的使用存在明显短板，如不能逆序匹配、查找不到内容时不支持定义输出内容。而现在有了 XLOOKUP 函数，不仅支持逆序匹配，还支持找不到时返回指定内容。

函数语法

XLOOKUP 函数具体含义如图 1-13 所示。

图 1-13

需要说明的是，如果公式中的参数带有"[]"，表明该参数为选填（可不填）。例如，XLOOKUP 函数的后 3 个参数都是选填，所以都是带有"[]"符号。

Excel 影响力
数据分析·可视化·AI办公

实战实例

根据右侧表中的"工号"，在左侧的表中匹配查找相应的姓名。

可在 I11 单元格中输入以下公式：

=XLOOKUP(H11,$D$11:$D$20,$C$11:$C$20)

结果如图 1-14 所示。

图 1-14

实例解读

右侧表需要查找的是"工号"，返回"姓名"列；而"工号"在左侧表中是第 2 列，"姓名"在第 1 列，明显不能使用 VLOOKUP 函数，因为 VLOOKUP 函数要求查找列必须为查找范围的第 1 列，而使用 XLOOKUP 函数就能很好地解决这个问题。

第 1 个参数为查找的工号（H11），第 2 个参数为查找工号的数组范围（$D$11:$D$20），第 3 个参数为要返回的数组区域（$C$11:$C$20）。这种方法不受逆序的影响，所以实用性更强。具体示意图如图 1-15 所示。

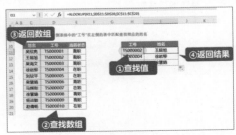

图 1-15

当查找不到内容时，可以设置第 4 个参数为特定值。例如找不到时，返回"查无此人"，则可以将 L11 单元格中的公式调整为：

=XLOOKUP(K11,$D$11:$D$20,$C$11:$C$20," 查无此人 ")

结果如图 1-16 所示。

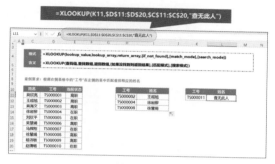

图 1-16

1.2.4 实例 04——新增函数 UNIQUE：快速去重提取唯一值

版本要求：Excel 2021 以上及 M365 版本。

在实际工作中，经常需要去重提取唯一值。以前的操作方法是复制一次再删除重复值，步骤多，而现在有了 UNIQUE 函数，一键就能提取列表或范围中的一系列唯一值。

函数语法

UNIQUE 函数具体含义如图 1-17 所示。

图 1-17

实战实例

将左侧表中的内容去除重复值，将唯一值提取在右侧表中。

只需要在 F11 单元格中输入以下公式：

=UNIQUE(C11:C131)

结果如图 1-18 所示。

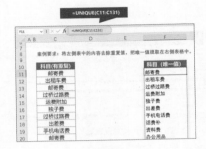

图 1-18

实例解读

UNIQUE 函数属于动态数组函数，返回的是数组，可以"溢出"（结果扩展到其他单元格）。

在本实例中，虽然只在 F11 单元格中输入了公式，由于返回结果是数组，所以可以直接溢出到其他单元格中，完整呈现所有结果。

1.2.5 实例 05——新增函数 FILTER 函数：快速查找筛选结果

版本要求：Excel 2021 以上及 M365 版本。

FILTER 函数可以基于定义的条件筛选一系列数据，再搭配数据验证制作的下拉选项菜单，就能快速切换条件并得到符合条件的筛选结果。

函数语法

FILTER 函数具体含义如图 1-19 所示。

图 1-19

实战实例

将左侧表中的内容，按右侧上方的条件进行筛选，符合条件的所有结果显示在右侧下方的表中。

可在 G13 单元格中输入以下公式：

=FILTER(C11:E46,E11:E46=H10)

结果如图 1-20 所示。

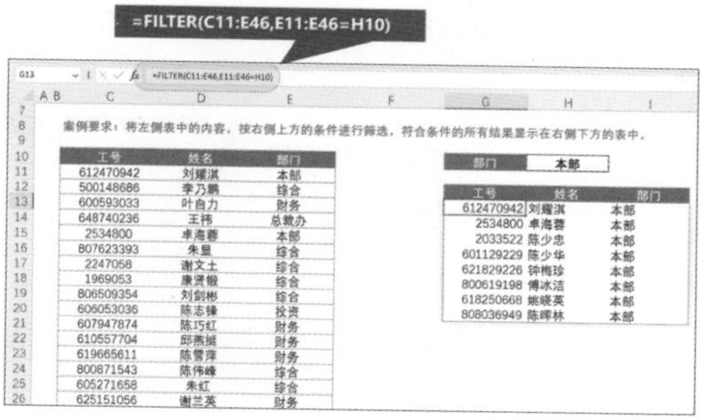

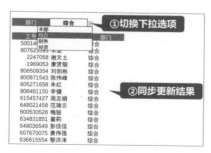

图 1-20

实例解读

本实例中，第 1 个参数是要筛选的区域 C11:E46，第 2 个参数为筛选条件，也就是左侧表中的"部门"列内容等于右上方表中的部门条件（H10 单元格）。由于 FILTER 函数是动态数组函数，所以按 Enter 键后，符合条件的所有结果都会"溢出"到旁边的单元格显示完整。

H10 单元格设置了下拉选项菜单，单击切换不同选项，下方的结果会同步更新，如图 1-21 所示。

图 1-21

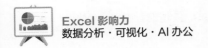
1.2.6　实例 06——新增函数 TOCOL：多列转一列

版本要求：M365 版本。

当面对多列数据需要转换成一列时，以往都需要复杂的函数嵌套，但现在有了 TOCOL 函数后，就变得非常简单。

函数语法

TOCOL 函数具体含义如图 1-22 所示。

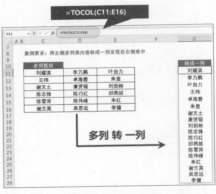

图 1-23

图 1-22

实战实例

将左侧多列表内容转成一列呈现在右侧表中。

可在 G11 单元格中输入以下公式：

=TOCOL(C11:E16)

结果如图 1-23 所示。

实例解读

本实例讲到的 TOCOL 函数经常会用在二维表转一维表。因为旧版本的函数要想实现二维表转一维表，需要嵌套多个函数，如 OFFSET / INDEX / ROW / COLUMN 等，非常复杂，需要一定的功底，而现在用了 TOCOL 函数就简单很多。

　　需要说明的是，该函数的第 2 个参数一共有 4 个选项，分别是"0- 保留所有值（默认）""1-忽略空白""2- 忽略错误"和"3- 忽略空白和错误"，如图 1-24 所示。

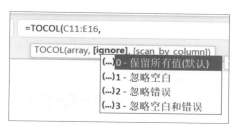

图 1-24

　　例如，本实例中如果中间存在空值，如果是默认情况，会全部显示，如果将第 2 个参数设置为 1，则可以忽略空白，如图 1-25 所示。

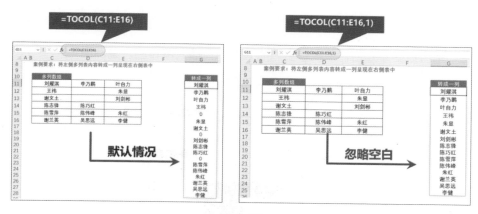

图 1-25

1.2.7　实例 07——新增漏斗图：流程分析好帮手

版本要求：Excel 2019 以上及 M365 版本。

　　在实际工作中，遇到业务流程周期长、环节多的流程分析，通过漏斗图的各个环节的数据对比，就能直观地发现问题所在，尤其是用在转化率方面。

1. 插入方法

方法 1：单击数据单元格，单击"插入"→"推荐的图表"，在弹出的"插入图表"对话框中选择"漏斗图"，如图 1-26 所示。

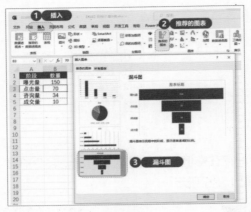

图 1-26

方法 2：单击数据单元格，依次单击"插入"→"插入瀑布图、漏斗图……"→"漏斗图"，如图 1-27 所示。

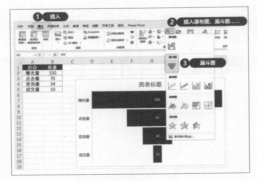

图 1-27

2. 功能解读

在以往的版本中，制作漏斗图都是借助"堆积条形图"和辅助列完成，步骤烦琐，有一定难度，而新版 Excel 中的漏斗图可以一键制作，大大提高了效率。

1.2.8　实例 08——新增设置透视表默认布局

版本要求：Excel 2019 以上及 M365 版本。

如图 1-28 所示，以往插入数据透视表后，默认的形式都是"以压缩形式显示"，而在实际工作中，"以表格形式显示"的需求更大，每次都需要手动调整（方法为：数据透视表"设计"→"报表布局"→"以表格形式显示"），比较麻烦。而现在的新版本非常人性化，新增了设置透视表的默认布局方式的入口。

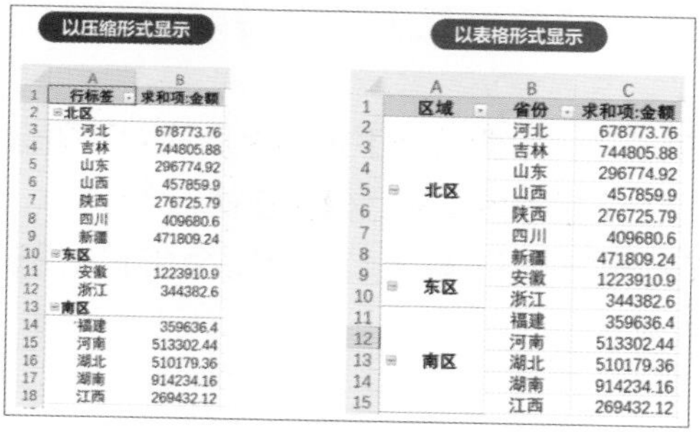

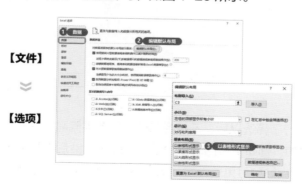

图 1-28

1. 设置方法

单击"文件"→"选项"，弹出"Excel 选项"对话框，在"常规"列表框中选择"数据"选项，单击"编辑默认布局"按钮，弹出"编辑默认布局"对话框，在"报表布局"列表框中选择"以表格形式显示"选项，单击"确定"按钮即可，如图 1-29 所示。

图 1-29

2. 功能解读

利用这项新增功能，不仅可以设置"报表布局"，还可以设置包括"小计"和"总计"在内的其他数据透视表的默认设置，这样用户就可以根据自身的使用习惯设置自己常用的布局形式。

1.3 新版 WPS Office（表格）的特色功能

本节采用 WPS Office 2019（非企业定制版）以上版本均可使用。

1.3.1 实例 09——下拉菜单模糊查找：智能匹配查找

一般在表格中制作下拉菜单后，需要展开下拉菜单后找到所需选项单击。如果下拉选项比较多，效率会比较低，而 WPS 的下拉菜单支持"模糊查找"。

例如，在设置了下拉菜单的单元格中，输入"熊"字，会在下方出现以"熊"字开头的下拉选项，选择就会快很多，如图 1-30 所示。

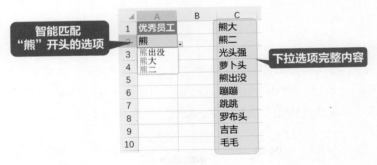

图 1-30

1.3.2 实例 10——粘贴到可见单元格：筛选也能粘贴数据

以往在 Excel 中进行了筛选以后，不符合条件的行会被隐藏，此时在筛选区域粘贴，数据是不会粘贴到可见单元格的。例如下方的表格中进行了筛选，然后将其他地方的文字复制后，在筛选的区域粘贴，内容不会粘贴到可见单元格，部分内容会粘贴到隐藏的单元格中，如图 1-31 所示。

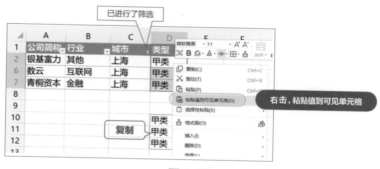

图 1-31

而在 WPS 表格中，是支持在筛选区域"粘贴到可见单元格"。只需要在筛选区域右击，选择快捷菜单中的"粘贴值到可见单元格"命令，然后取消筛选，发现文字内容会跳过隐藏单元格，只粘贴到可见单元格，如图 1-32 所示。

图 1-32

1.3.3 实例 11——快速合并 / 拆分相同单元格

以往在 Excel 中合并和拆分相同单元格的操作步骤比较多，不是很方便。

而在新版 WPS 表格中，支持一键合并和拆分单元格。操作步骤：选中需要合并的数据单元格，依次单击"开始"→"合并居中"→"合并相同单元格"，如图 1-33 所示。

图 1-33

操作完成后，就能一键轻松合并相同的单元格，效果如图 1-34 所示。

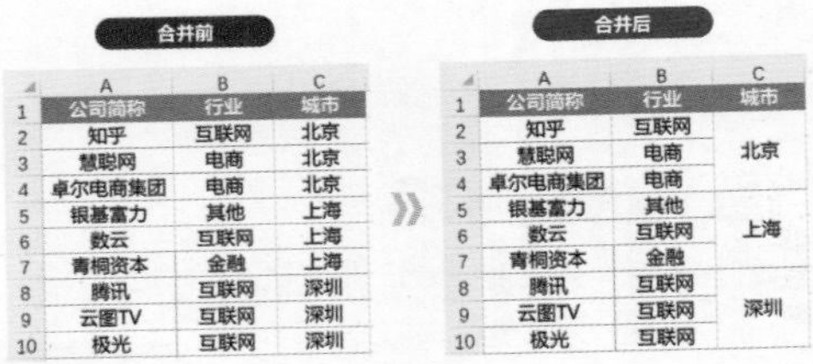

图 1-34

如果需要拆分回原有的形式，可以单击"拆分并填充内容"选项，如图 1-35 所示。无论是合并还是拆分相同单元格，都变得非常简单。

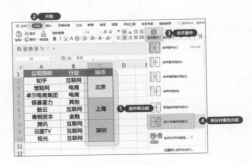

图 1-35

1.3.4 实例 12——筛选合并单元格：智能识别合并单元格并筛选

在 Excel 表格中如果有合并单元格，那么筛选以后，只会有一行结果，因为合并单元格只有第 1 行是有值的，后面的单元格是空。

例如下方的表格中，城市为"上海"的行有 3 个，但是因为有合并单元格，筛选的时候，只能筛选出第 1 个，显然是不对的，如图 1-36 所示。

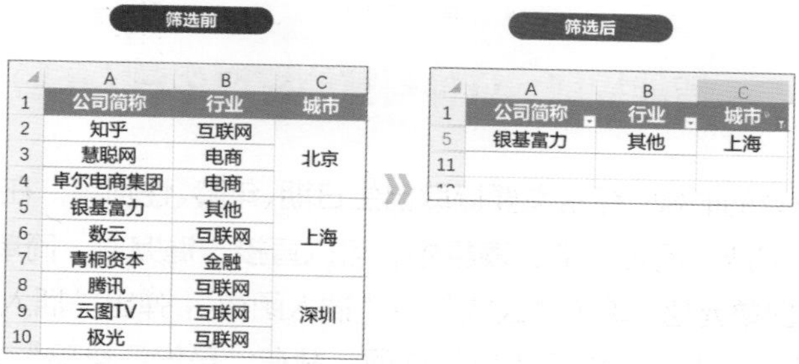

图 1-36

新版 WPS 表格就能很好地解决这个问题，只需要在筛选的时候，单击"选项"→"允许筛选合并单元格"，就可以直接筛选合并单元格，如图 1-37 所示。

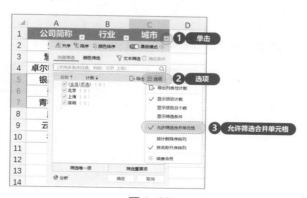

图 1-37

具体效果如图 1-38 所示。

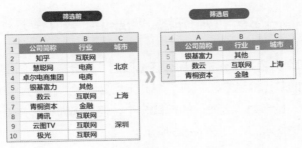

图 1-38

1.3.5 实例 13——智能提取：证件号智能提取生日 / 年龄 / 性别

在处理证件号码信息的时候，经常需要提取出生日期、年龄、性别等。在以往的 Excel 版本中，需要使用多个函数嵌套完成，而在 WPS 表格中，可以直接一键完成，简单又方便。

操作步骤：单击空白单元格，单击"公式"→"插入函数"，弹出"插入函数"对话框，在"常用公式"选项卡中，选择"提取身份证生日"选项，并在"身份证号码"文本框中输入身份证号码所在单元格，如图 1-39 所示。

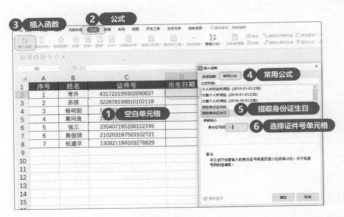

图 1-39

单击"确定"按钮后，会在该单元格自动生成提取出生日期的公式（不需要用户输入），如图 1-40 所示。

自动填入

=DATE(MID(C2,7,VLOOKUP(LEN(C2),{15,2;18,4},2,0)),MID(C2,VLOOKUP(LEN(C2),{15,9;18,11},2,0),2),MID(C2,VLOOKUP(LEN(C2),{15,11;18,13},2,0),2))

序号	姓名	证件号	出生日期	性别	年龄
1	常许	431722199302090037	1993/2/9		
2	苏琪	322878198810102118	1988/10/10		
3	杨明剑	110101199003077678	1990/3/7		
4	慕珂良	130102200903073731	2009/3/7		
5	张三	235407195106112745	1951/6/11		
6	熊俊琪	210203197503102721	1975/3/10		
7	杭建平	130821199103278829	1991/3/27		

图1-40

按照同样的步骤，在"插入函数"对话框的"常用公式"选项卡中，还可以提取"性别"和"年龄"，如图1-41所示。

整个过程只需要鼠标操作，就能轻松提取证件号中的生日、性别、年龄，不需要输入任何公式函数，是很多新手的福音，效果如图1-42所示。

图1-41

序号	姓名	证件号	出生日期	性别	年龄
1	常许	431722199302090037	1993/2/9	男	30
2	苏琪	322878198810102118	1988/10/10	男	34
3	杨明剑	110101199003077678	1990/3/7	男	33
4	慕珂良	130102200903073731	2009/3/7	男	14
5	张三	235407195106112745	1951/6/11	女	72
6	熊俊琪	210203197503102721	1975/3/10	女	48
7	杭建平	130821199103278829	1991/3/27	女	32

图1-42

1.3.6 实例14——聚光灯效果：让阅读更聚焦

当表格中内容较多时，密集的表格和文字容易让观众头晕，无法短时间聚焦到重点内容上。

在新版WPS表格中，可以单击"视图"→"阅读模式"开启聚光灯效果，单击哪个单元格，就会有聚焦效果，如图1-43所示。

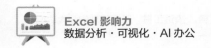
Excel 影响力
数据分析·可视化·AI办公

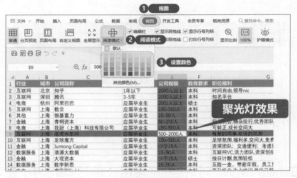

图 1-43

在"阅读模式"下拉菜单中，可以设置聚光灯效果的颜色。

1.3.7　实例 15——拒绝重复项：不再担心重复录入数据

在表格中录入信息时，往往要求信息不重复，那么如何才能简单而又方便地避免重复数据录入呢？有了 WPS 表格，这一切都变得非常简单！

操作步骤：选中数据列（或区域），单击"数据"→"重复项"→"拒绝录入重复项"，在弹出的对话框中确认需要设置的区域，单击"确定"按钮，如图 1-44 所示。

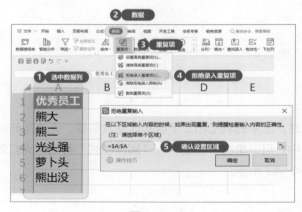

图 1-44

当该区域中录入重复项时，就会有"拒绝重复输入"的提醒，如图1-45所示。

图1-45

1.3.8　实例16——仅筛选此项：高效筛选，一步到位

在Excel中单击筛选后，如果需要仅筛选某一项，需要先将全部内容取消勾选，再单独勾选所需项目，如图1-46所示，这样的效率很低。

在新版WPS表格的筛选中，将鼠标悬停在选项上，右方会有"仅筛选此项"按钮，一步到位筛选某一项，如图1-47所示，非常方便。

图1-46

图1-47

还支持多条件筛选，比如当表格中的筛选项比较多的时候，一个个找是比较浪费时间的，在WPS表格的筛选搜索框中，可以直接输入需要筛选的多个条件，用空格分开。

例如，在下方表格中，需要同时筛选"湖南"和"湖北"两项，输入后用空格分开，并在弹出的菜单中选择"包含任一关键字的内容"命令，如图1-48所示。

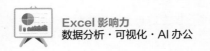
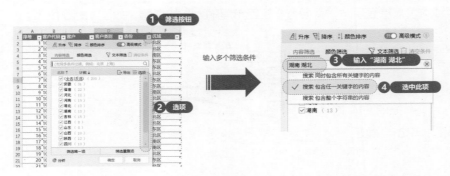

图 1-48

单击"确定"按钮，即可得到多条件筛选结果，如图 1-49 所示。

结果仅包括"湖南"和"湖北"

序号	客户代码	客户	客户类别	省份	区域	产品代码	产品大类	订单数量	金额	成本
18	100026	长江公司	大客户	湖北	南区	33201402	辅助产品	27	2717.54	869.61
30	100026	长江公司	大客户	湖北	南区	11201301	主要产品	20	43218.38	35439.07
32	101047	衡山公司	大客户	湖南	南区	44201303	辅助产品	25	8211.42	3941.48
51	100026	长江公司	大客户	湖北	南区	22201402	主要产品	26	56388.72	45110.98
57	100026	长江公司	大客户	湖北	南区	33201301	辅助产品	30	35.72	16.79
58	100026	长江公司	大客户	湖北	南区	44201302	辅助产品	28	562.12	275.44
67	100026	长江公司	大客户	湖北	南区	44201301	辅助产品	23	7295.34	2918.14
74	100026	长江公司	大客户	湖北	南区	11201302	主要产品	19	176675.8	125439.83
88	100026	长江公司	大客户	湖北	南区	11201401	主要产品	33	126857.7	95143.28
89	100026	长江公司	大客户	湖北	南区	44201301	辅助产品	22	2992.96	1197.18
97	100026	长江公司	大客户	湖北	南区	11201401	主要产品	26	81752.74	61314.56
108	101047	衡山公司	大客户	湖南	南区	44201301	辅助产品	28	7800.8	3120.32
115	101047	衡山公司	大客户	湖南	南区	11201401	主要产品	25	76414.52	57310.89
116	101047	衡山公司	大客户	湖南	南区	22201401	主要产品	27	3919.02	2351.41
123	101047	衡山公司	大客户	湖南	南区	22201402	主要产品	22	107778.4	86222.75
124	101047	衡山公司	大客户	湖南	南区	22201401	主要产品	20	145003.7	87002.24
139	100026	长江公司	大客户	湖北	南区	33201302	辅助产品	31	1363	504.31
141	101047	衡山公司	大客户	湖南	南区	44201302	辅助产品	22	6739.46	3302.34
155	101047	衡山公司	大客户	湖南	南区	22201401	主要产品	20	164598.8	98759.3
163	101047	衡山公司	大客户	湖南	南区	22201401	主要产品	23	86218.44	51731.06
169	101047	衡山公司	大客户	湖南	南区	33201301	辅助产品	28	688.94	323.8
187	100026	长江公司	大客户	湖北	南区	44201301	辅助产品	29	10319.32	3508.57
189	100026	长江公司	大客户	湖北	南区	33201301	辅助产品	20	186.2	87.51
190	101047	衡山公司	大客户	湖南	南区	22201401	主要产品	19	86218.44	51731.06
200	101047	衡山公司	大客户	湖南	南区	22201402	主要产品	19	220455.9	176364.72

图 1-49

1.3.9 实例 17——自动计算个税：轻松搞定个税计算

计算个人所得税时，以往都需要嵌套复杂的公式，对很多人而言难度不小。

在新版 WPS 表格中，可以直接一键生成。操作步骤：单击"公式"→"插入函数"，在弹出对话框的"常用公式"选项卡中选择"计算个人所得税（2019-01-01 之后）"选项，再按要求输入相应参数，单击"确定"按钮，即可得到个人所得税金额，如图 1-50 所示。

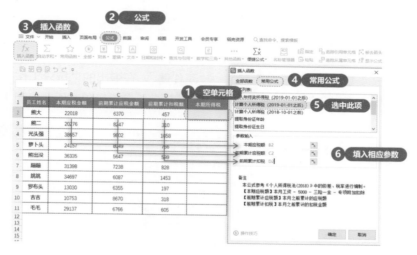

图 1-50

该操作不需要函数功底和基础，点击鼠标即可轻松完成。

1.3.10 实例 18——批量合并 / 拆分工作表：一键智能合并与拆分

当遇到多个工作表需要拆分或合并的时候，以往可能需要借助 Power Query 来实现。而现在使用新版 WPS 表格，可以直接完成多工作表的拆分与合并。

1. 拆分多个工作表

例如，工作簿中一共有 12 个工作表（1~12 月），需要将它们拆分为单独的工作簿，如图 1-51 所示。

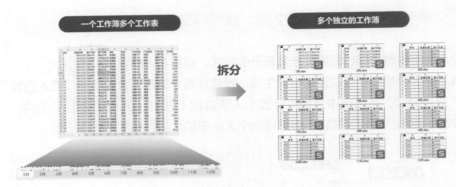

图 1-51

操作步骤：单击"工具"→"拆分表格"→"工作簿"，在弹出的"拆分工作簿"对话框中，勾选需要拆分的工作表，设置保存路径位置，即可完成拆分，非常简单方便，如图 1-52 所示。

图 1-52

2. 合并多个工作表

如果需要将多个工作表合并为一个工作簿，在新版 WPS 表格中能一键搞定。

操作步骤：打开一个空白的表格，依次单击"工具"→"合并表格"→"整合成一个工作簿"，在弹出的对话框中单击"添加文件"按钮，选择需要合并的文件，单击"开始合并"按钮，如图 1-53 所示。

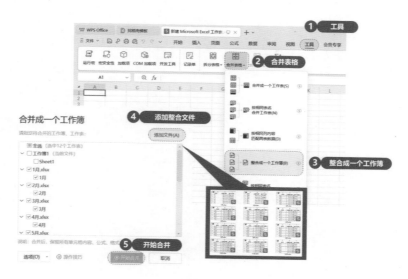

图 1-53

完成后会自动添加一个导航目录，单击可以直接进行跳转，如图 1-54 所示。

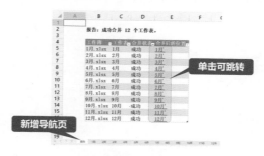

图 1-54

此功能目前是会员专项，如果经常使用该功能，可以成为 WPS 会员体验使用。

Chapter

02

效率篇

高效操作，提升数据处理效能

你是不是对各种烦琐的操作感觉很苦恼？

表格软件发展到了今天，功能已经非常强大，很多
操作变得非常简便，只是很多人并不知道，习惯了"老
办法"，所以导致效率很低，现在我们就一起学习高效
的操作，快速提升数据处理的效能吧！

2.1　高效操作：四两拨千斤，一键批处理的秘密

2.1.1　实例 19——一秒搞定：高效的快捷操作

1.Alt+=：一秒求和

在图 2-1 的表格中，需要对产品一到产品三、部门一到部门三求和，可以选中 B2:E5 单元格区域，然后按快捷键 Alt+=，即可完成一键求和。

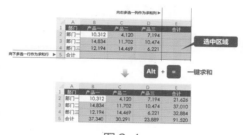

图 2-1

需要说明的是，这种方法适用于求和列或行在数据区域的下方或右侧，也就是本实例中的 E 列和第 5 行（需为空列或空行）。

2.Alt+F1：一秒制作图表

单击表格中的数据单元格（非空），然后按 Alt+F1，即可一键制作图表，如图 2-2 所示。

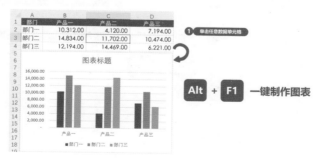

图 2-2

默认情况下，生成的是簇状柱形图，如果需要调整图表类型，可以单击选择图表后，单击上方的"图表设计"→"更改图表类型"，然后在弹出的对话框中选择需要更换的图表即可，如图 2-3所示。

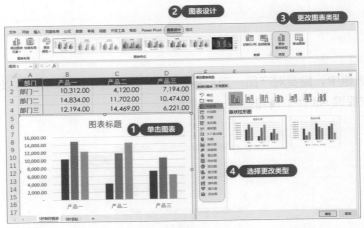

图 2-3

3.Ctrl+\：一秒找不同

当表格中的两个不同列需要对比差异数据时，只要按住 Ctrl 键依次选中对比的两列数据，如下方的 B 列和 C 列数据，然后按快捷键 Ctrl+\，即可快速在 B 列上定位出与 C 列有差异的单元格（B6 和 B16），如图 2-4 所示。

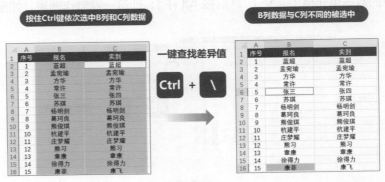

图 2-4

操作时有一个小细节，就是需要在哪一列定位差异单元格，就先选哪一列。

"\"键的位置在 Enter 键的上方，不要和"/"混淆，如图 2-5 所示。

图 2-5

4.Ctrl+T：一秒美化表格

默认情况下，表格中普通区域的形式往往比较单调，可以单击数据单元格，然后按快捷键 Ctrl+T，在弹出的"创建表"对话框中单击"确定"按钮，即可一键完成表格的美化，效果如图 2-6 所示。

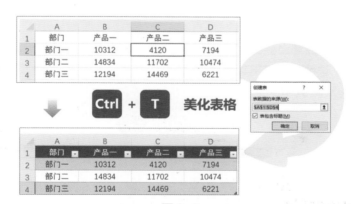

图 2-6

如果想调整美化效果，可以单击上方的"表设计"→"表格样式"，从中选择更换的样式；想要更多的样式，可以单击右侧下方的小三角，展开更多的图表样式，如图 2-7 所示。

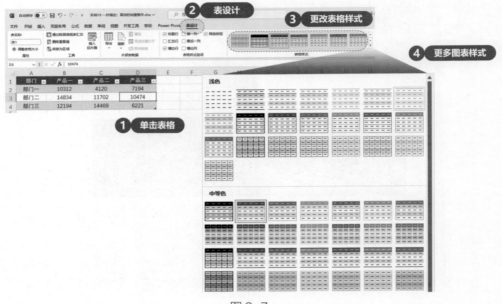

图 2-7

5. 鼠标双击：一秒统一行高 / 列宽

表格中的行高或列宽经常会不统一，比较凌乱，手动调整不仅麻烦，而且费时。

单击表格左上角，选中整个表格，然后将鼠标悬停在列或行的交界处，鼠标指针变成双向箭头时双击，即可完成行高 / 列宽的统一，如图 2-8 所示。

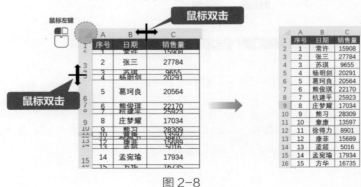

图 2-8

2.1.2　实例 20——快速填充：智能拆分与合并

在表格中的内容，经常需要进行提取、拆分、合并等操作，而有了快捷键 Ctrl+E 快速填充，这一切都变得非常简单。

使用该功能时，单击"开始"→"填充"→"快速填充"，其快捷键为 Ctrl+E，如图 2-9 所示。

图 2-9

功能讲解

提供几个输出示例，后续的单元格就能根据前面的示例自动完成填充，也被称为"智能填充"。

1. 提取数据

下方的表格中需要提取"长度""宽度"和"高度"数据，只要在第一行后面的单元格中填入提取的示例。例如，第 1 个的长度是 19，填入 B2 单元格，然后按快捷键 Ctrl+E，即可完成下方单元格的填充，而且都是提取相应的长度数值，如图 2-10 所示。

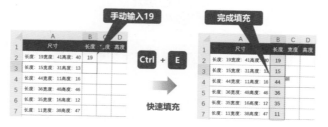

图 2-10

采用同样的操作步骤，可以提取"宽度"和"高度"的数值，如图 2-11 所示。

	A	B	C	D
1	尺寸	长度	宽度	高度
2	长度: 19宽度: 41高度: 40	19	41	40
3	长度: 15宽度: 31高度: 13	15	31	13
4	长度: 44宽度: 11高度: 16	44	11	16
5	长度: 36宽度: 48高度: 46	36	48	46
6	长度: 35宽度: 16高度: 12	35	16	12
7	长度: 11宽度: 38高度: 47	11	38	47

图 2-11

2. 合并数据

如果需要将多个单元格内容合并，只需要在右侧的空列单元格中示范一次，然后按快捷键 Ctrl+E，即可完成下方单元格的填充，效果如图 2-12 所示。

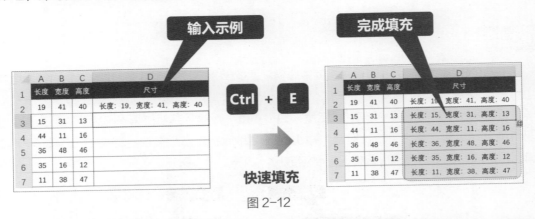

图 2-12

本实例不只是简单的合并，而是添加了特定的文字和格式符号，快速填充功能也是能智能识别的，非常好用！

3. 提取出生日期

身份证号码中的第 7~14 位是出生日期，可以在 D2 单元格中输入一个示例，也就是 19930209，然后使用快捷键 Ctrl+E，后面的身份证号码中的出生日期也就被一键提取出来，如图 2-13 所示。

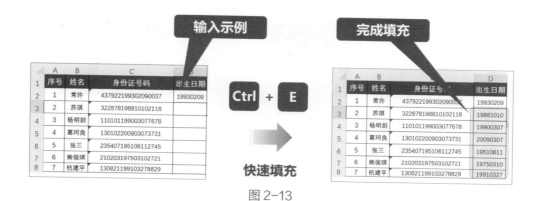

图 2-13

4. 修改特定格式

如果需要使数据按特定格式呈现，如手机号按"XXX-XXXX-XXXX"的格式，可以按照前面的步骤操作，**需要注意一点，就是如果示范一次，结果不对，就需要多示范一次。**

例如，在 D2 单元格中示范了一次格式，按下快捷键 Ctrl+E，填充的结果是错误的，如图 2-14 所示。

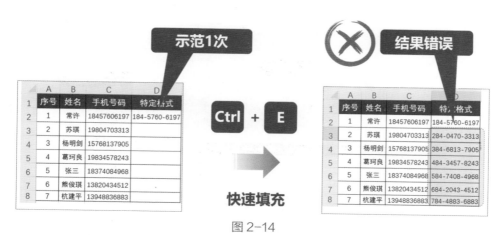

图 2-14

出错的原因是示例太少，Excel 不能精确地理解要实现的效果。解决办法就是在 D2 单元格示范一次以后，在 D3 单元格再示范一次，然后按快捷键 Ctrl+E，即可得出正确的结果，如图 2-15 所示。

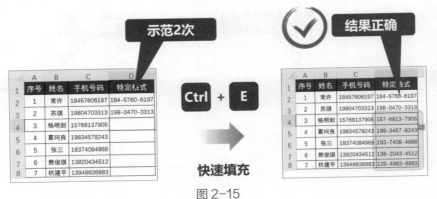

图 2-15

2.1.3 实例 21——冻结窗格：轻松搞定表格浏览问题

当遇到表格数据非常多且屏幕显示不完整的时候，就需要滚动滑块查看数据，但是表头也会被遮住，此时"冻结窗格"功能就非常必要了。

1. 功能讲解

启动方式：单击"视图"→"冻结窗格"，如图 2-16 所示。

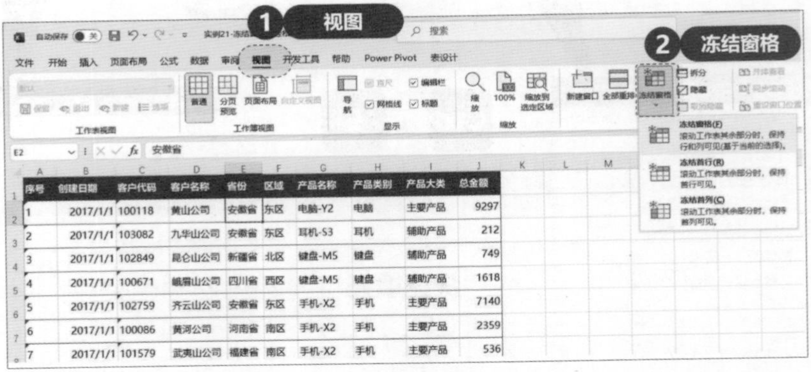

图 2-16

在下拉菜单中有三个选项，分别是"冻结窗格"、"冻结首行"和"冻结首列"。

含义分别如下。

冻结窗格：滚动工作表其余部分，保持行和列可见（基于当前的选择），如图 2-17 所示。

冻结首行：滚动工作表其余部分，保持首行始终可见。这种方法不需要选择单元格，只能冻结首行，如图 2-18 所示。

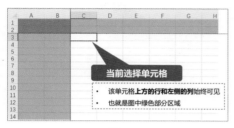

图 2-17

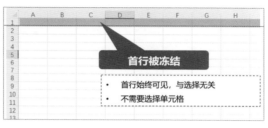

图 2-18

冻结首列：滚动工作表其余部分，保持首列始终可见。这种方法不需要选择单元格，只能冻结首列，如图 2-19 所示。

无论使用哪种方法，需要取消的话，均可单击"冻结窗格"→"取消冻结窗格"，如图 2-20 所示。

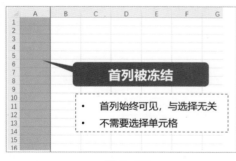

图 2-19

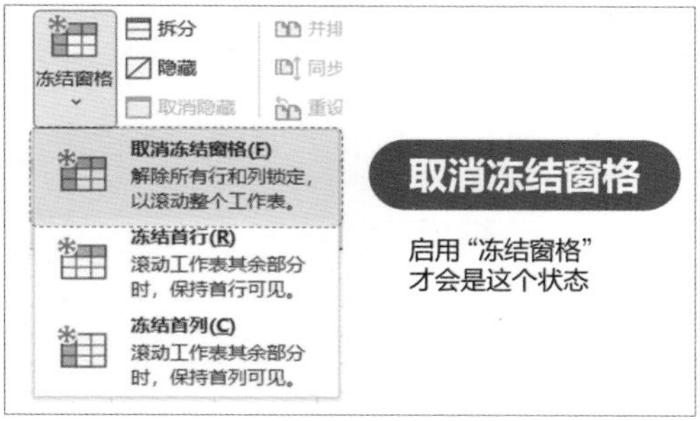

图 2-20

2. 实战实例

如果表格中需要冻结（固定）第 1 行和前 4 列，只需要使用鼠标单击 E2 单元格，然后依次单击"视图"→"冻结窗格"→"冻结窗格"，即可完成该效果。

拖动水平和垂直滑块，第 1 行和第 4 列始终是可见的，如图 2-21 所示。

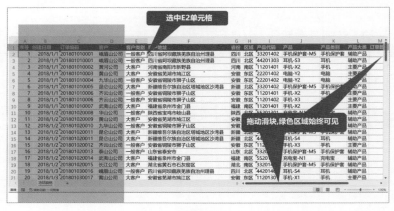

图 2-21

2.1.4　实例 22——对齐文字：长短不一的文字也能轻松对齐

在表格中经常会有长短不一的文字，如何对齐呢？手动敲空格？太慢太费时间！

其实可以一键轻松搞定文字对齐。

例如下方的表格，可以选中姓名单元格并右击，选择快捷菜单中的"设置单元格格式"命令，在弹出对话框的"对齐"选项卡中，从"水平对齐"下拉列表中选择"分散对齐（缩进）"选项，在"缩进"文本框中设置一个数值，如图 2-22 所示。

图 2-22

单击"确定"按钮后，就能完成文字的批量对齐，效果如图 2-23 所示。

	A	B	C	D	E
1	序号	第1周	第2周	第3周	第4周
2	1	常许	常许	常许	常许
3	2	苏琪	葛珂良	杭建平	张三
4	3	杨明剑	熊俊琪	张三	葛珂良
5	4	葛珂良	张三	苏琪	苏琪
6	5	张三	苏琪	杨明剑	杨明剑
7	6	熊俊琪	杨明剑	熊俊琪	熊俊琪
8	7	杭建平	葛珂良	杭建平	杭建平

调整前

	A	B	C	D	E
1	序号	第1周	第2周	第3周	第4周
2	1	常　许	常　许	常　许	常　许
3	2	苏　琪	葛珂良	杭建平	张　三
4	3	杨明剑	熊俊琪	张　三	葛珂良
5	4	葛珂良	张　三	苏　琪	苏　琪
6	5	张　三	苏　琪	杨明剑	杨明剑
7	6	熊俊琪	杨明剑	熊俊琪	熊俊琪
8	7	杭建平	葛珂良	杭建平	杭建平

调整后

图 2-23

其中，"设置单元格格式"对话框会高频使用，建议使用快捷键 Ctrl+1，以提高操作效率。

2.1.5　实例 23——编辑区域：设置分区密码

对于表格中的不同区域，如果想设置不同的编辑权限，可以分别设置。

1. 功能讲解

启用方式：单击"审阅"→"允许编辑区域"。

此功能设置后，需要单击左侧的"保护工作表"才能生效，如图 2-24 所示。

图 2-24

2. 实战实例

例如下方的左右两个表，想设置两个不同的编辑密码。

设置方法：选中左侧表（绿色）的数据单元格区域，然后依次单击"审阅"→"允许编辑区域"，在"允许用户编辑区域"对话框中单击"新建"按钮，弹出"新区域"对话框，设置区域名称，引用单元格范围（如果前面选中了区域，此部分会自动填入，无需操作），设置密码（密码：123），单击"确定"按钮后，再确认一次，如图 2-25 所示。

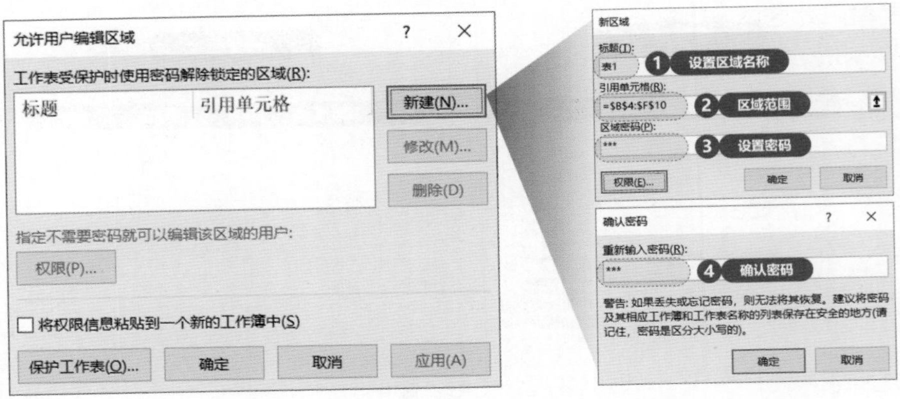

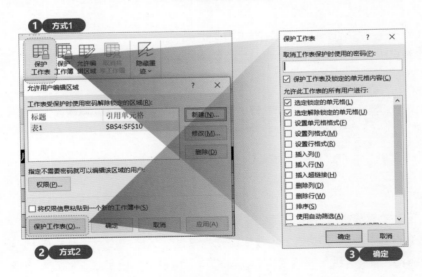

图 2-25

继续单击"保护工作表"按钮，或者在菜单栏中单击"保护工作表"，在弹出的对话框中，无需任何操作，直接单击"确定"按钮，即可让刚才设置的编辑区域密码生效，如图 2-26 所示。

图 2-26

按照同样的步骤，可以为右侧的表格（黑色）设置密码（密码：456）。

接下来可以验证一下。在刚刚设置的左侧区域双击，就会出现弹窗，提示需要输入指定密码：

123，才能编辑此区域，如果输入密码错误，或输入为右侧黑色区域的密码，都是无法编辑的，如图 2-27 所示。

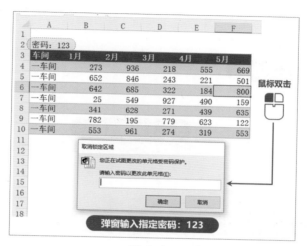

图 2-27

如果需要取消密码，可以直接单击"审阅"→"撤销工作表保护"，如图 2-28 所示。

图 2-28

2.1.6　实例 24——自定义格式：自动更改内容文字颜色

单元格中的文字可以根据内容自动显示为相应的颜色，这需要用到自定义格式。

1. 功能讲解

自定义格式启用方式：右击单元格（或按快捷键 Ctrl+1），弹出"设置单元格格式"对话框，

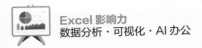

在"数字"选项卡的"分类"列表框中选择"自定义"选项,在"类型"文本框中即可进行详细设置,如图 2-29 所示。

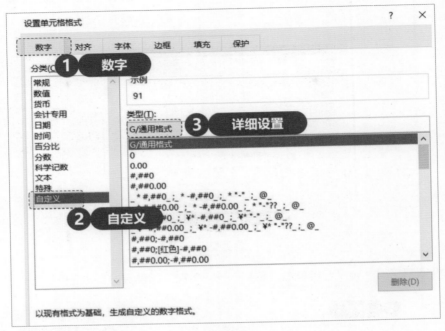

图 2-29

1) 自定义格式含义

    (1) 允许用户创建符合一定规则的数字格式。

    (2) 应用自定义格式的数字并不会改变数值本身,只改变数值的显示方式。

2) 自定义格式代码的具体结构

正数;负数;零值;文本(分号为英文状态下的半角符号)

    (1) 在每个区域的代码对相应的数值产生作用。

    (2) 可以用运算符的方式表示条件值。

    (3)4 个区域不一定完整,少于 4 个也是可以的。

3) 颜色代码

中文版 Excel 可以使用格式代码,使其显示为不同的颜色,可供选择的代码有 8 种,分别为

[黑色]、[白色]、[蓝色]、[红色]、[黄色]、[绿色]、[洋红]、[蓝绿色]

实战实例 1

例如，下方表格中的数据，希望实现的效果为：正数蓝色、负数红色、零值黑色、文本洋红。

可以选中数字单元格后，在自定义格式中输入以下内容：[蓝色]G/ 通用格式 ;[红色]–G/ 通用格式 ;[黑色]G/ 通用格式 ;[洋红]G/ 通用格式，就能实现上面的效果，如图 2-30 所示。

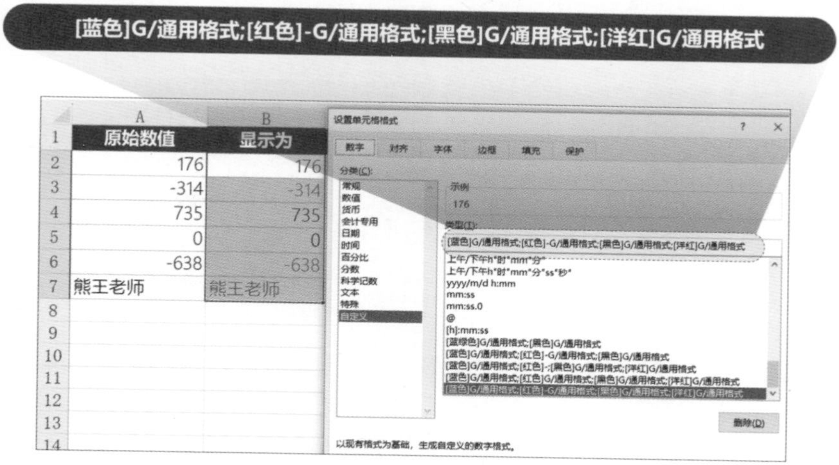

图 2-30

其中，"G/ 通用格式"可以不用输入，在输入"[蓝色];[红色];[黑色];[洋红]"后单击"确定"按钮后，会自动补充上。只是补充好以后，需要在第 2 个区域（负数）补充一个"–"号表示负。

实战实例 2

自定义格式的默认分隔数字是 0(正数、负数)，如果希望调整分隔数字，可以添加具体的条件。

例如，在下方的数字中，希望实现的效果为：大于 60 是绿色，小于 60 是红色，等于 60 是蓝色。可以选中数字单元格后，在自定义格式中输入以下内容：[>60][绿色];[<60][红色];[蓝色]。"G/ 通用格式"会自动补充，效果如图 2-31 所示。

[绿色][>60]G/通用格式;[红色][<60]G/通用格式;[蓝色]G/通用格式

图 2-31

2.1.7 实例 25——附带单位：以"万"为单位显示

在中文计量单位中，以"万"为单位是非常常见的，但是 Excel 中并不能直接以"万"为单位，需要借助自定义格式设置。

下方表格中的数字位数比较多，采用以"万"为单位，可读性更高。操作方法为：选中数据单元格并右击，在弹出的"设置单元格格式"对话框中选择"自定义"，然后在"类型"文本框中输入"0!.0,万"，即可得到以"万"为单位的效果，如图 2-32 所示。

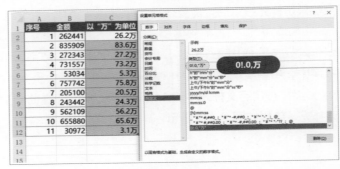

图 2-32

需要说明的是，这里的"万"可以加引号，也可以不加。因为单击"确定"按钮以后，系统会自动为中文添加引号。所以可以"偷懒"，不用加。

功能讲解

为了更好地理解"0!.0,万"，可以拆成 4 个部分，第 1 个 0 是表示小数点左侧的数据。后面的"!"号是转义字符，具有强制下一个字符的能力，所以"!."就是强制显示小数点。第 2 个 0 则是表示小数点后 1 位，后面的逗号是千分号，表示 3 个 0。最后补充上单位"万"，如图 2-33 所示。

其中"!."可以替换成""."" (使用英文状态双引号)，效果是一样的，如图 2-34 所示。

图 2-33

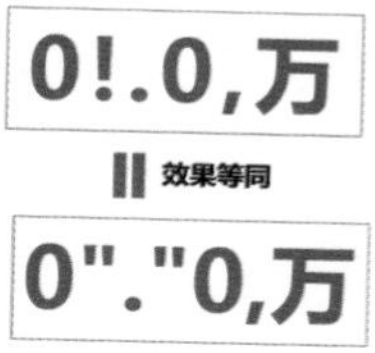

图 2-34

如果使用的 WPS 版本的表格，可以在"单元格格式"对话框中，依次选择"特殊"→"单位：万元"→"万"即可，更简便一点，如图 2-35 所示。

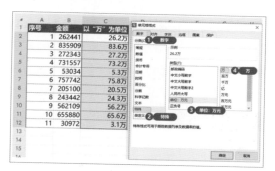

图 2-35

2.1.8 实例 26——查找替换：一列转多列

当遇到一列数据需要转换为多列数据的情况时，可以采用多种方法实现。

1. 转置法

当数据量比较小的时候，可以选中需要列转行的第一行数据，按快捷键 Ctrl+C 复制，在需

要放置的位置右击，选择快捷菜单中的"转置"命令，转置的含义，就是行与列对调，如图 2-36 所示。

采用同样的操作步骤，操作 3 次即可得到一列转多列效果，如图 2-37 所示。

图 2-36

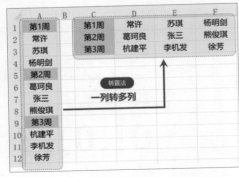

图 2-37

2. 替换法

当数据量比较大的时候，转置法显然就不合适了，此时可以采用替换法来解决。

设置方法：在一个空白单元格中，输入一列数据中第 1 个单元格的名称，也就是在 C1 单元格中手动输入"A1"，然后按住鼠标左键向右拖动填充柄，完成 A1 至 A4 单元格的填充。在 C2 单元格中继续输入"A5"，使用鼠标向右拖动填充柄，完成 A5 至 A8 单元格的填充，效果如图 2-38 所示。

选中刚刚填充好的 A1 至 A8 单元格，拖动 A8 右下角的填充柄往下拉，就能自动生成 A9 往后的名称，直到名称大于等于一列数据的最大值（A16），如图 2-39 所示。

图 2-38

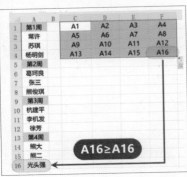

图 2-39

继续打开"查找和替换"对话框（快捷键：Ctrl+H），用"A"替换为"=A"，单击"全部替换"按钮，会提示完成 16 处替换，左侧一列也转变成了四列，如图 2-40 所示。

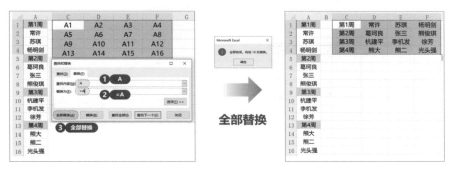

图 2-40

2.1.9　实例 27——巧用数据透视表：多列转一列

与上一个实例正好相反，需要将多列数据转为一列，其中比较简单的做法，是借助数据透视表来完成。

单击数据单元格，再单击"插入"→"表格"（快捷键：Ctrl+T），在弹出的"创建表"对话框中，取消勾选"表包含标题"复选框（后面转换时，第一行会消失，所以需要多一个标题行），单击"确定"按钮即可，如图 2-41 所示。

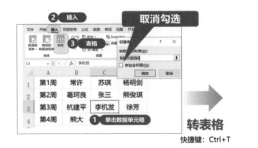

图 2-41

继续单击"插入"→"数据透视表"，在弹出的对话框中，选择"现有工作表"单选按钮，并设置透视表放置的位置，单击"确定"按钮，如图 2-42 所示。

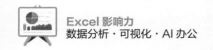

图 2-42

在右侧的字段列表框中，将"列 1"到"列 4"全部勾选，或拖动至"行"中，如图 2-43 所示。

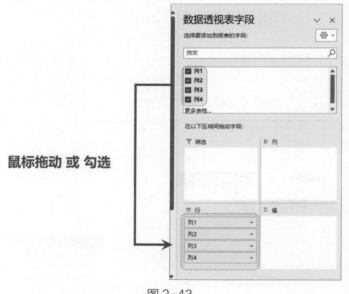

图 2-43

继续设置数据透视表的形式，保持透视表被选中的状态，单击最右侧的"设计"选项卡，依次将"分类汇总"设置为"不显示分类汇总"、将"总计"设置为"对行和列禁用"、将"报表布局"设置为"以压缩形式显示"，如图 2-44 所示。

设置后效果

图 2-44

将透视表的内容选中并复制，再继续在需要放置的位置粘贴为值，如图 2-45 所示。

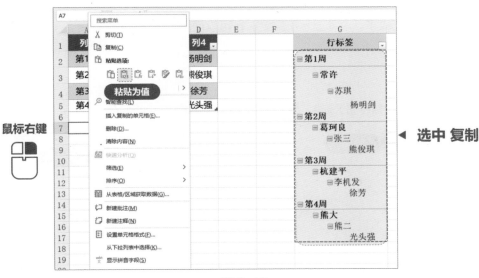

鼠标右键

选中 复制

图 2-45

得到的效果如图 2-46 所示。

图 2-46

如果是新版 Excel，可以直接使用 TOCOL 函数，具体操作可参照前面的"实例 06"。

2.1.10 实例 28——对照查看：单表与多表的对照查看

当表格中的数据比较多，屏幕显示不完全时，可以使用"拆分"功能。

功能讲解

入口：单击"视图"→"拆分"。

含义：将窗口拆分为不同的窗格，这些窗格可以单独滚动，如图 2-47 所示。

图 2-47

1. 单表对照

如果需要对照的是一个表，可以将鼠标单击选中分界点的单元格，然后单击"视图"→"拆分"，即可将一个表拆分为 4 个窗格，支持上下、左右独立滚动，如图 2-48 所示。

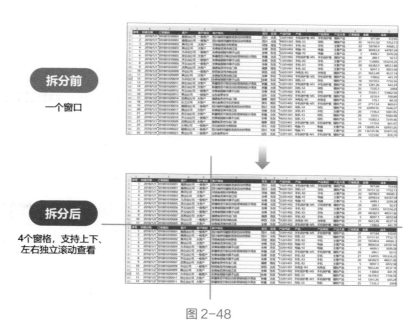

图 2-48

如果需要始终让首行和末行同时显示，可以先将整个表转成智能表格（快捷键：Ctrl+T），然后单击倒数第 2 行数据单元格，单击"拆分"，这样就能实现滚动窗格时，首行和末行始终都会显示，如图 2-49 所示。

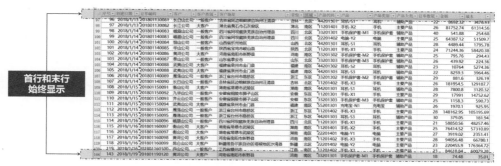

图 2-49

2. 多表对照

如果分别是两个不同的工作表，需要对照查看，可以先单击第 1 个表，然后依次单击"视

图"→"新建窗口",并单击"并排查看"和"同步滚动",新建窗口,单击第 2 个表,如图 2-50
所示。

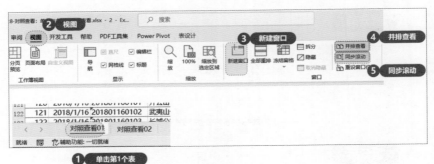

图 2-50

这样就将两个表分别采用不同的窗口放在一起显示,而且可以同步滚动,效果如图 2-51
所示。

图 2-51

2.1.11 实例 29——筛选图片:让图片能随单元格一起被筛选

表格中经常需要插入图片,默认情况下,图片是不能跟随单元格进行筛选的,如果表格进行了筛选操作，图片会错位，不符合需求，如图 2-52 所示。

要想实现图片跟随单元格一起被筛选，可以按以下操作步骤进行。

单击任意一张图片，按快捷键 Ctrl+A 批量选中所有图片，在图片上右击，在快捷菜单中选择"设置对象格式"命令，（快捷键：Ctrl+1）弹出"设置图片格式"对话框，单击"大小与属性"按钮，选择"随单元格改变位置和大小"单元按钮，如图 2-53 所示。

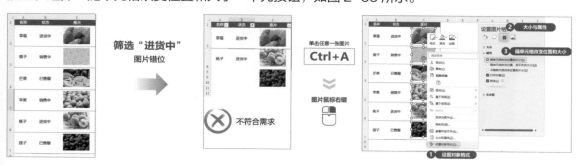

图 2-52

图 2-53

再进行表格的筛选，图片就会跟随单元格一起被筛选，如图 2-54 所示。

图 2-54

如果需要改回默认，选择"随单元格改变位置，但不改变大小"单选按钮即可。

2.1.12　实例 30——数字前加 0：按指定位数填写数字，不足补 0

在表格中录入整数时，默认情况下，如果第 1 位是 0，往往不会显示。例如，在单元格中输

入"0001"按 Enter 键后，只会显示 1，如图 2-55 所示。

图 2-55

出现这个情况的原因，是 Excel 认为整数前面的 0 没有意义，所以不会显示。

如果想将前面的 0 显示出来，有以下三种方法。

1. 文本格式

可以提前将需要显示 0 的单元格全部设置为文本格式，具体操作步骤如图 2-56 所示。

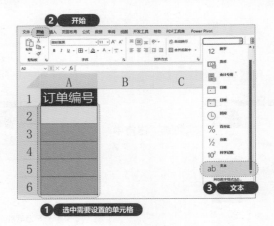

图 2-56

在相应单元格中输入"0001"时，就能完整显示前面的"0"了。需要注意的是，这种是"以文本形式存储的数字"，单元格的左上角会有一个绿色的小三角，而且是左对齐，单元格的右上角会有一个黄色感叹号提醒，单击后，可以打开切换窗口，如图 2-57 所示。

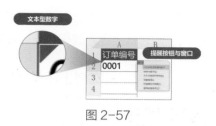

图 2-57

2. 添加撇号

可以在手动输入前，先输入一个半角的撇号，然后再输入"0001"，即可完整显示前面的"0"，如图 2-58 所示。

图 2-58

3. 自定义格式

先选中需要设置的单元格，打开"设置单元格格式"对话框，在"分类"列表框中选择"自定义"选项，在"类型"文本框中输入"0000"，单击"确定"按钮，在单元格中输入"0001"就能完整显示了，如图 2-59 所示。

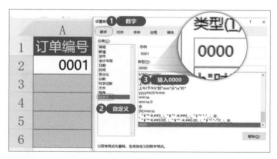

图 2-59

这里的"0"是占位符，并不是实质的 0，而是表示占了这个位置，如果相应位数有数值就显示数值，如果没有就显示"0"。

前面两种方法都是将数字转成了文本型数值，会变成左对齐；而这种方法只是改变了显示方式，在编辑栏中，依然还是原本的数值格式和内容，是右对齐，如图 2-60 所示。

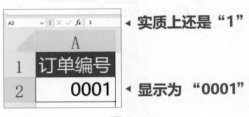

图 2-60

2.2　快速录入：一键快速导入其他数据

表格处理过程中，需要的数据都不用手动录入，有很多高效的导入方法，接下来就一起学习一下！

2.2.1　实例 31——OCR 识别：图片表格转可编辑表格

当拿到一张带表格的图片或者是打印好的表格时，往往都需要将这些表格手动录入 Excel 表格中，费时费力，还容易出错。此时，我们可以采用 OCR 功能，将不可编辑的表格转成可编辑的表格。

这里说的 OCR ，全称是 optical character recognition，中文名称是"光学字符识别"，可以简单理解为将字符识别成可编辑文字。

下面介绍两种常用的 OCR 方法。

1. 电脑版 QQ

使用电脑版 QQ（版本号：QQ9.7.21，如升级版本，此功能可能会有变化），可以免费、不限次数识别转换。操作方法也非常简单：开启电脑 QQ 的截图功能（快捷键：Ctrl+Alt+A），将需要识别转换的图片表格截图，在下方的功能菜单中，选择"屏幕识图"，图标为 🖼，如图 2-61 所示。

表格截图 —— 屏幕识图

图 2-61

在弹出的"屏幕视图"对话框的右下角单击"转为在线文档"，图标为 ⬆️，如图 2-62 所示。

月	日	凭证号数	部门	科目划分	发生额
01	29	记-0023	一车间	邮寄费	5.00
01	29	记-0021	一车间	出租车费	14.80
01	31	记-0031	二车间	邮寄费	20.00
01	29	记-0022	二车间	过桥过路费	50.00
01	29	记-0023	二车间	运费附加	56.00
01	24	记-0008	财务部	独子费	65.00
01	29	记-0021	二车间	过桥过路费	70.00
01	29	记-0022	销售1部	出差费	78.00
01	29	记-0022	经理室	手机电话费	150.00
01	29	记-0026	二车间	邮寄费	150.00
01	24	记-0008	二车间	话费补	180.00
01	29	记-0021	人力资源部	资料费	258.00
01	31	记-0037	二车间	办公用品	258.50
01	24	记-0008	财务部	养老保险	267.08
01	29	记-0027	二车间	出租车费	277.70
01	31	记-0037	经理室	招待费	278.00

转为在线文档

图 2-62

此时会打开默认浏览器，并将刚刚截图识别的表格转为腾讯在线文档，全选浏览器中的表格（快捷键：Ctrl+A），并进行复制，再打开 Excel 表格（或 WPS 表格），粘贴即可，过程如图 2-63 所示。

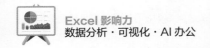

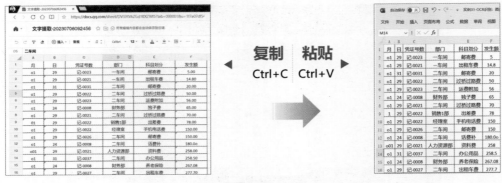

图 2-63

整体的识别精确度还是不错的。如果出现了部分识别错误的地方，可以采用替换功能。例如，部分数字"0"错误识别为字母"o"，就可以打开"查找和替换"对话框（快捷键：Ctrl+H），将字母"o"替换为数字"0"，如图 2-64 所示。

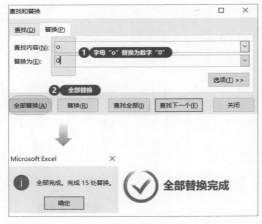

图 2-64

2.WPS 表格

如果使用的是新版 WPS 表格，可以将带表格的图片插入 WPS 表格中，在图片上右击，在快捷菜单中选择"提取与转换"→"提取图中文字"→"带格式表格"命令，然后单击"开始转换"按钮，如图 2-65 所示。

图 2-65

设置文件名称和存储路径，即可得到结果，整体的识别精度非常不错，如图 2-66 所示。

图 2-66

需要说明的是，这是 WPS 的会员功能，需要成为 WPS 会员才能使用。

2.2.2　实例 32——从网页获取数据：一键获取网页数据并支持更新

如果需要从网页导入数据，而且还需要支持更新，可以使用软件导入数据的功能完成。例如，下方是中国银行的外汇牌价表，链接为：https://www.boc.cn/sourcedb/whpj/，数据是不断更新的，需要导入表格软件中，如图 2-67 所示。

图 2-67

下面以两款不同的软件讲解操作方法。

1. 微软 Excel

建议至少是微软 Excel 2013 以上版本。

新建一个空白的工作表，依次单击"数据"→"自网站"，在弹出的"从 Web"对话框中，将网址链接粘贴至文本框中，单击"确定"按钮，然后在"导航器"窗口的左侧单击表，通过观察右侧的预览，找到有数据的表，再单击下方的"加载"按钮即可，如图 2-68 所示。

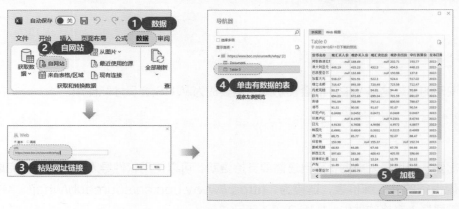

图 2-68

　　导入的数据会自动转换为智能表格，支持数据更新，只需要单击"表设计"→"刷新"→"连接属性"，弹出"查询属性"对话框，在"刷新控件"选项组中设置刷新模式，如图 2-69 所示。

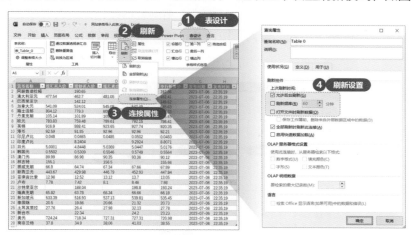

图 2-69

　　如果不喜欢导入表的颜色，可以单击"表设计"→"表格样式"（单击小三角展开），再选择其他颜色样式，即可一键换色，如图 2-70 所示。

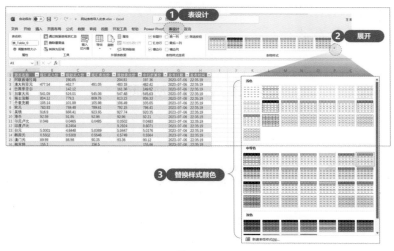

图 2-70

2. 金山 WPS 表格

与微软 Excel 的操作步骤类似，只是操作有小差别，依次单击"数据"→"获取数据"→"自网站连接"，在弹出的"新建 Web 查询"对话框中，将网址链接粘贴进去并单击"转到"按钮，确认网页内容之后，单击右下角的"导入"按钮并设置好数据存放的位置，单击"确定"按钮，如图 2-71 所示。

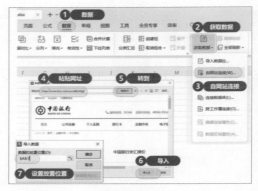

图 2-71

此时得到导入后的效果，只是相对于微软 Excel 的导入成功，WPS 表格的导入是整个网页的内容，需要将多余的内容删除，需要刷新时，在数据单元格上右击，选择快捷菜单中的"刷新数据"命令即可，如图 2-72 所示。

图 2-72

2.3　快速合并：轻松搞定数据合并

2.3.1　实例 33——相同单元格：快速合并 / 拆分相同单元格

一般而言，用于处理和分析的数据表格，是不建议执行合并单元格操作的；而用于输出打印的表格，为了更好的视觉效果，往往又想要合并相同单元格，所以对于相同单元格的合并与拆分就变得很常见，那么如何快速完成呢？下面分享几种方法：

1. 快速合并相同单元格

例如，下方的表格中的部门有很多是相同的，需要将相同单元格快速进行合并，可以先选中需要合并的相同单元格，然后单击"数据"→"分类汇总"，在弹出的"分类汇总"对话框中，直接单击"确定"按钮，如图 2-73 所示。

图 2-73

此时左侧会新增一列，选中非标题行到最后一个非空单元格行，也就是 A2:A15，打开"定位条件"对话框（快捷键：Ctrl+G），选择"空值"单选按钮，将所选区域中的空单元格批量选中，如图 2-74 所示。

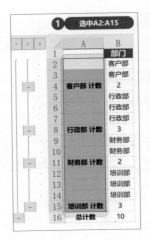

图 2-74

继续单击"开始"→"合并后居中"，就能将空单元格分组合并，因为每组之间都有"计数"隔开，所以每一组都对应一组相同单元格，如图 2-75 所示。

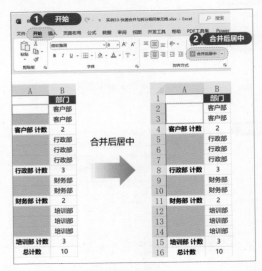

图 2-75

单击"数据"→"分类汇总"，在弹出的"分类汇总"对话框中，单击左下角的"全部删除"按钮，就能将之前新增的"计数"行删除，仅保留分组合并的单元格，如图 2-76 所示。

图 2-76

将 A 列合并单元格的格式使用"格式刷"功能刷给 B 列数据单元格，就能得到合并相同单元格的效果，如图 2-77 所示。

合并前后对比效果如图 2-78 所示。

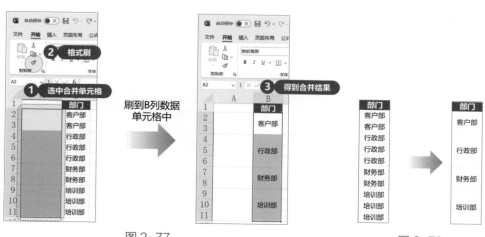

图 2-77

图 2-78

2. 快速拆分合并单元格

与刚刚的效果相反，如果需要将合并的相同单元格拆分，可以先选中需要拆分的合并单元格，然后单击"开始"→"合并后居中"（取消选择），如图 2-79 所示。

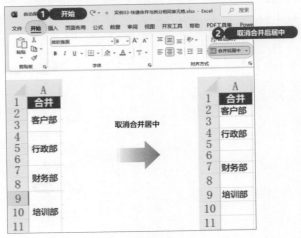

图 2-79

继续选中相应单元格，打开"定位条件"对话框（快捷键：Ctrl+G），定位空值。继续输入"＝"，单击 A2（或输入 A2），按下批量输入的快捷键 Ctrl+Enter，就可以得到拆分合并单元格的结果，过程如图 2-80 所示。

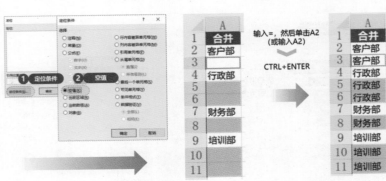

图 2-80

2.3.2 实例 34——合并多表数据：高效合并新妙招

当有多张表需要合并时，除了可以使用 WPS 表格实例 18 中的方法，还可以在微软 Excel 中使用“剪贴板”功能可以批量完成。

例如，下方有三张表（1 月、2 月、3 月）需要合并汇总在一张表（汇总表）上，如图 2-81 所示。

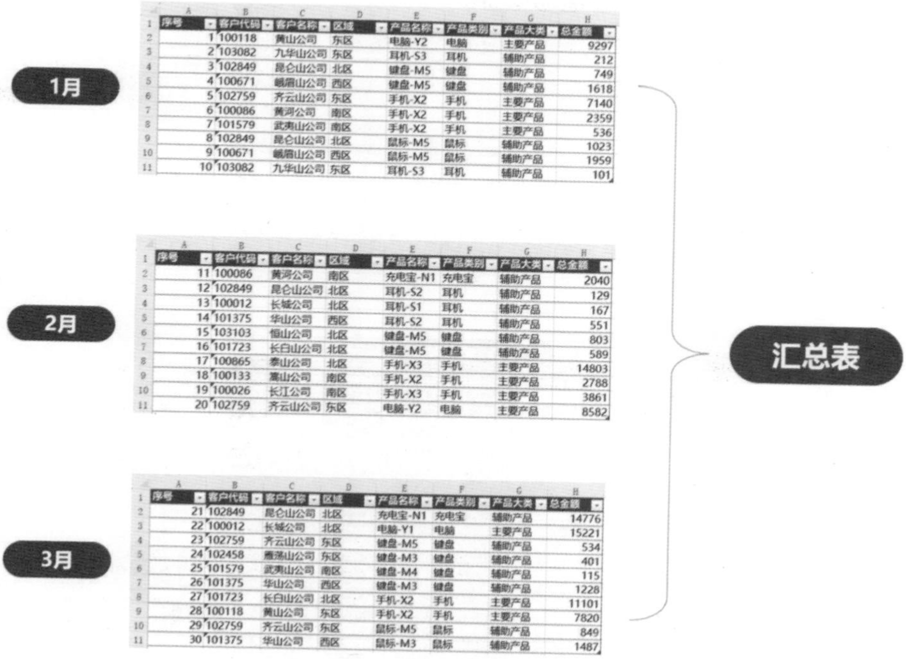

序号	客户代码	客户名称	区域	产品名称	产品类别	产品大类	总金额
1	100118	黄山公司	东区	电脑-Y2	电脑	主要产品	9297
2	103082	九华山公司	东区	耳机-S3	耳机	辅助产品	212
3	102849	昆仑山公司	北区	键盘-M5	键盘	辅助产品	749
4	100671	峨眉山公司	西区	键盘-M5	键盘	辅助产品	1618
5	102759	齐云山公司	东区	手机-X2	手机	主要产品	7140
6	100086	黄河公司	南区	手机-X2	手机	主要产品	2359
7	101579	武夷山公司	南区	手机-X2	手机	主要产品	536
8	102849	昆仑山公司	北区	鼠标-M5	鼠标	辅助产品	1023
9	100671	峨眉山公司	西区	鼠标-M5	鼠标	辅助产品	1959
10	103082	九华山公司	东区	耳机-S3	耳机	辅助产品	101

序号	客户代码	客户名称	区域	产品名称	产品类别	产品大类	总金额
11	100086	黄河公司	南区	充电宝-N1	充电宝	辅助产品	2040
12	102849	昆仑山公司	北区	耳机-S2	耳机	辅助产品	129
13	100012	长城公司	北区	耳机-S1	耳机	辅助产品	167
14	101375	华山公司	西区	耳机-S2	耳机	辅助产品	551
15	103103	恒山公司	北区	键盘-M5	键盘	辅助产品	803
16	101723	长白山公司	北区	键盘-M5	键盘	辅助产品	589
17	100865	泰山公司	北区	手机-X3	手机	主要产品	14803
18	100133	嵩山公司	南区	手机-X2	手机	主要产品	2788
19	100026	长江公司	南区	手机-X3	手机	主要产品	3861
20	102759	齐云山公司	东区	电脑-Y2	电脑	主要产品	8582

序号	客户代码	客户名称	区域	产品名称	产品类别	产品大类	总金额
21	102849	昆仑山公司	北区	充电宝-N1	充电宝	辅助产品	14776
22	100012	长城公司	北区	电脑-Y1	电脑	主要产品	15221
23	102759	齐云山公司	东区	键盘-M5	键盘	辅助产品	534
24	102458	雁荡山公司	东区	键盘-M3	键盘	辅助产品	401
25	101579	武夷山公司	南区	键盘-M4	键盘	辅助产品	115
26	101375	华山公司	西区	键盘-M3	键盘	辅助产品	1228
27	101723	长白山公司	北区	手机-X2	手机	主要产品	11101
28	100118	黄山公司	东区	手机-X2	手机	主要产品	7820
29	102759	齐云山公司	东区	鼠标-M5	鼠标	辅助产品	849
30	101375	华山公司	西区	鼠标-M3	鼠标	辅助产品	1487

图 2-81

可以先单击“开始”→“剪贴板”（右下角的启动器），在左侧就会弹出“剪贴板”的面板，所有复制的元素和数据都会显示在这个面板中，分别全选刚刚的三张表（1 月、2 月、3 月）复制（跳过表头行），它们就会出现在左侧的剪贴板中了，如图 2-82 所示。

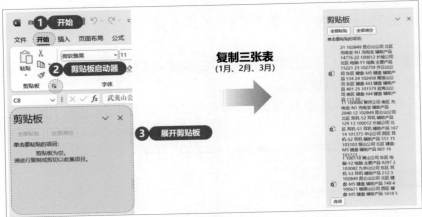

图 2-82

打开合并放置的表的 A2 单元格，单击"剪贴板"面板中的"全部粘贴"按钮即可，如图 2-83 所示。

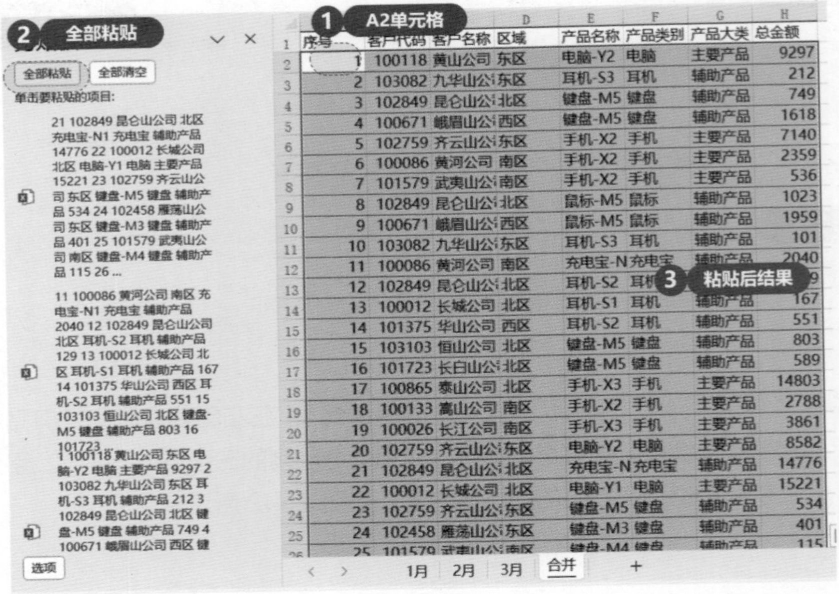

图 2-83

整理篇

清洗数据，释放数据真正潜能

买了菜需要清洗，拿到了数据也同样需要清洗！

工作中大部分数据都不能直接拿来处理，往往都存在数据格式不规范、不统一、形式杂乱等问题，都需要进行数据整理和处理！这个过程就被称为数据的清洗。只有将"脏数据"变成"干净数据"以后，后续的流程才会更顺畅，所以本章我们就一起来学习如何进行数据的整理与清洗。

3.1 规范整理：快速将杂乱数据整理规范

3.1.1 实例 35——分列功能：一键统一数据格式

在表格数据整理过程中，经常会遇到某一列的数据格式比较混乱，需要调整统一，此时，"分列"功能就能派上大用处。下面介绍两种常用的情况。

1. 情况一

文本与数值格式混合，需要统一为其中一种时，首先选中该列数据（文本格式与数值格式混合），单击"数据"→"分列"，在弹出的"文本分列向导"对话框中，直接单击"完成"按钮，即可将原本 A 列的混合格式数据，统一为数值类型（常规）的数据（右对齐），如图 3-1 所示。

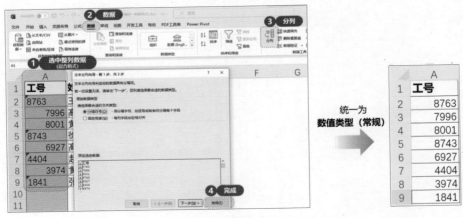

图 3-1

如果需要统一为文本格式，可以在弹出"文本分列向导"对话框后，前两步都单击"下一步"按钮，到第 3 步的对话框中，选择"文本"单选按钮，然后单击"完成"按钮，即可将整列数据统一为文本格式（左对齐，而且左上角会有绿色的小三角），如图 3-2 所示。

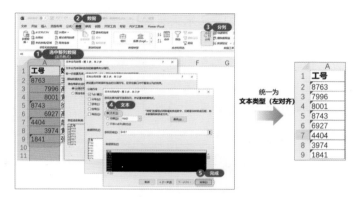

图 3-2

2. 情况二

当需要将非标准日期格式转为统一的标准日期格式时，日期中的年、月、日之间，分隔符如果是"."，Excel 会认为是文本格式而非日期格式，如果需要快速统一为标准日期格式，只需要单击该列数据，依次单击"数据"→"分列"，在弹出的"文本分列向导"对话框的前两步都单击"下一步"按钮，到第 3 步时则勾选"日期"，根据该列日期的形式选中日期后的形式，例如，此表中的数据是"年月日"的形式，则默认的"YMD"是符合的，继续单击"完成"按钮，即可将整列文本型的非标准日期统一为标准的日期格式（右对齐），如图 3-3 所示。

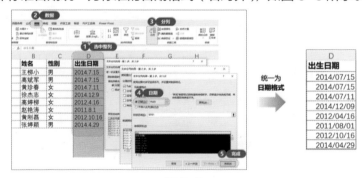

图 3-3

3.1.2 实例 36——带单位计算：数据带单位也能计算

表格中的数据，有时需要带有单位，但是如果直接在数据后添加单位，单元格就会自动变成

文本形式而无法进行计算。下面介绍两种方法来实现既可以带单位，也能进行计算的效果。

1. 自定义格式法

首先可以选中数据并右击，选择快捷菜单中的"设置单元格格式"命令，（快捷键：Ctrl+1），打开相应对话框，在"分类"列表框中选择"自定义"选项，然后在"类型"文本框中手动添加单位，单击"确定"按钮，即可批量添加单位，如图 3-4 所示。

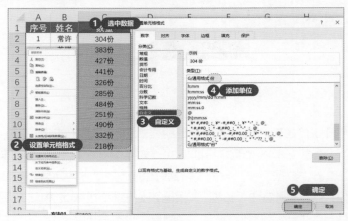

图 3-4

单击需要求和的单元格（C13），单击"开始"→"自动求和"或按快捷键 Alt+=，即可完成带单位求和，如图 3-5 所示。

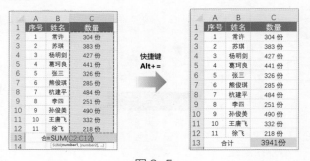

图 3-5

2. 函数法

如果该单元格已经手动添加了单位，就不适合第 1 种方法，就需要改用函数法。

在 C13 单元格中输入函数公式：=SUM(SUBSTITUTE(C2:C12," 份 ","")*1)。具体的函数含义如图 3-6 所示。

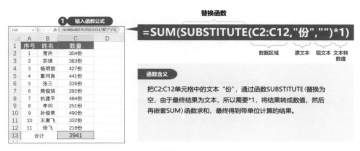

图 3-6

最终也能实现带单位计算的结果。

3.1.3 实例 37——提取生日：证件号提取生日并转日期格式

18 位的身份证件号码，第 7~14 位是出生日期，如果需要提取其中的出生日期，而且是日期格式，可以通过两种方法实现。

1. 分列法

先选中需要提取出生日期的数据列，单击"数据"→"分列"，在弹出的"文本分列向导（第 1 步）"对话框中选择"固定宽度"单选按钮，单击"下一步"按钮，在"文本分列向导（第 2 步）"对话框下方的"数据预览"刻度上单击，截取出生日期的 8 位数字，单击"下一步"按钮，如图 3-7 所示。

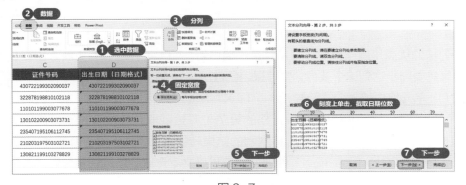

图 3-7

在"文本分列向导（第3步）"对话框中，将第1段和第3段设置为"不导入此列（跳过）"，将第2段设置为"日期（YMD）"，然后单击"完成"按钮，即可完成出生日期的提取，而且是日期格式，如图3-8所示。

图 3-8

2. 函数法

使用分列法的优点是操作简便，不足就是不能更新，如果证件号码有更新，出生日期不能同步更新，如果需要同步达到这个条件，推荐采用函数法。

可以在 D2 单元格中输入公式函数：=--TEXT(MID(C2,7,8),"0000-00-00")。

其中，MID 函数的作用是从 C2 单元格的第 7 位开始截取，往右 8 位长度的字符，结果为"19930209"；然后使用 TEXT 函数，将刚刚的结果转换成"0000-00-00"的形式，此时的结果为"1993-02-09"；因为 TEXT 处理后的结果是文本形式，所以还需要继续在整个公式前方添加两个"-"，将文本结果转成数值形式，结果就变成了 34009，如图 3-9 所示。

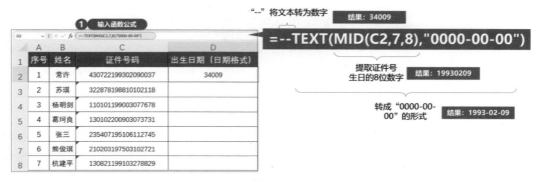

图 3-9

再继续双击 D2 单元格右下方的填充柄，完成 D3:D8 单元格的填充，再选中 D2:D8 单元格，设置格式类型为"短日期"，如图 3-10 所示。

图 3-10

这种方法的最大优势，就是当 C 列的证件号码更新时，D 列的出生日期也会同步更新。

3.2 数据验证：约束并规范数据录入，从源头避免错误数据

3.2.1 实例 38——下拉选项：快速制作下拉选项

为了更加规范地录入数据，为表格制作下拉选项是非常不错的做法。制作步骤也非常简单，先选中需要设置下拉选项的空白单元格，然后单击"数据"→"数据验证"（此功能在 WPS 版本中叫作"有效性"），弹出"数据验证"对话框，在"允许"下拉列表中选择"序列"选项，在"来源"文本框中输入下拉选项值，并用半角状态的逗号分隔，这里可以输入"男,女"，如图 3-11 所示。

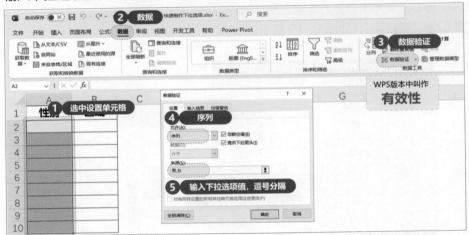

图 3-11

单击"确定"按钮，即可实现下拉选项效果，如图 3-12 所示。

图 3-12

如果下拉选项比较多，可单独设置在一个区域（支持跨表存放），设置数据来源时，只需要单击"来源"右侧的按钮，然后选择下拉值的数据区域，单击"确定"按钮，如图 3-13 所示。

图 3-13

3.2.2 实例 39——二级下拉：制作二级下拉选项

当下拉选项非常多，需要分类或分级时，就可以制作二级或多级下拉选项，可以先将二级下拉选项的数据放在一侧（支持跨表），其中表格区域的上方（或左侧）是下方数据区域的名称，然后按以下步骤进行。

1. 设置名称

选中二级下拉选项数据区域，单击"公式"→"根据所选内容创建"，在弹出的对话框中，仅勾选"首行"复选框，单击"确定"按钮，如图 3-14 所示。

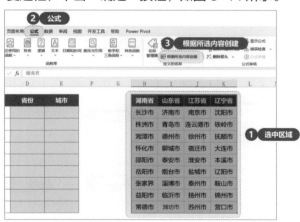

图 3-14

此时完成将首行数据作为该列区域名称的定义操作，可以单击"公式"→"名称管理器"进行验证，在弹出的"名称管理器"对话框的"名称"列都是区域的首行数据，"数值"列都是对应下方的数据区域，如图 3-15 所示。

图 3-15

2. 完成一级下拉选项

操作步骤与实例 38 类似，选中数据区域，单击"数据"→"数据验证"，在"数据验证"对话框的"允许"下拉列表中选择"序列"选项，单击"来源"右侧的按钮，设置区域的首行数据，单击"确定"按钮，即可完成一级下拉选项，如图 3-16 所示。

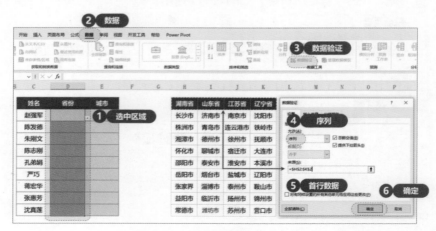

图 3-16

然后单击第一个单元格，设置一个下拉选项的值，如"湖南省"（方便 E 列设置二级下拉选项）。

3. 完成二级下拉选项

设置二级下拉选项时，会使用到 INDIRECT 函数，其含义是：返回文本字符串所指定的引用。例如，F3 单元格的值是"C3"，C3 单元格的值是"赵强军"，则在 F4 单元格中输入"=INDIRECT(F3)"，返回的结果就是 F3 单元格的内容"C3"所指定的内容，也就是"赵强军"，如图 3-17 所示。

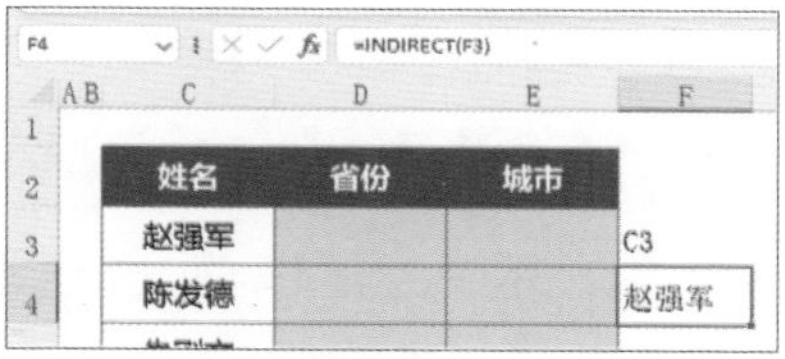

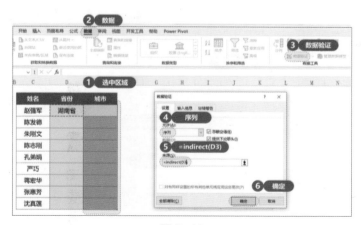

图 3-17

理解这个函数的作用以后，就可以开始设置二级下拉选项了。选中 E 列的区域，然后单击"数据"→"数据验证"，在弹出的对话框中，选择"允许"下拉列表中的"序列"选项，在"来源"文本框中输入"=indirect(D3)"（大小写均可），单击"确定"按钮，即可完成二级下拉选项，如图 3-18 所示。

图 3-18

效果如图 3-19 所示。

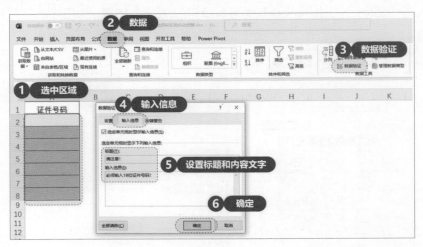

图 3-19

3.2.3 实例 40——输入提醒：输入信息前实现自动提醒

在录入信息时，如果能有与"便利贴"一样的提醒，就能更方便信息的准确录入。这个设置起来其实非常简单，选中需要设置的区域，依次单击"数据"→"数据验证"→"输入信息"，设置好标题和正文文字，单击"确定"按钮，如图 3-20 所示。

图 3-20

当再次单击选中区域时，就会出现设置好的提醒。

提示：记得勾选"选定单元格时显示输入信息"复选框，否则可能就不显示，如图 3-21 所示。

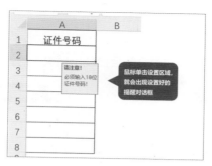

图 3-21

3.2.4　实例 41——报错提示：设置出错后的提醒内容

按照上一个实例，只是能提醒用户的录入，并不能真正阻止不符合条件的数据录入，所以还需要进一步设置要求，并实现不符合条件的内容输入后，能实现出错警告。整个过程分为如下两步。

1. 第一步：设置条件

可以先选中数据区域，单击"数据"→"数据验证"，在弹出的对话框中，找到"设置"选项卡，在"允许"下拉列表中选择"文本长度"选项，在"数据"下拉列表中选择"等于"选项，在"长度"文本框中手动输入 18，如图 3-22 所示。

图 3-22

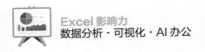

2. 第二步：设置出错警告

继续单击"出错警告"，在"标题"和"错误信息"文本框中完善相关的文字提醒信息。当在单元格中输入的信息不符合设置的要求时，就会出现出错警告的弹出提醒信息，如图 3-23 所示。

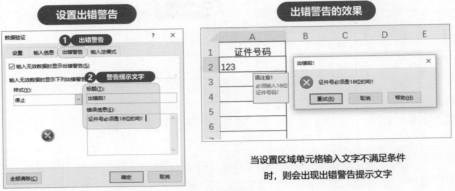

当设置区域单元格输入文字不满足条件
时，则会出现出错警告提示文字

图 3-23

需要注意的是，在"出错警告"选项卡的"样式"下拉列表中有三个选项：停止、警告和信息，约束程度依次减弱（图 3-24）。含义具体如下。

停止： 不符合条件的内容无法输入。

警告： 不符合条件的内容，警告提醒，弹窗后，可以选择保持输入。

信息： 不符合条件的内容，弹窗提示，单击"确定"按钮后，保持输入。

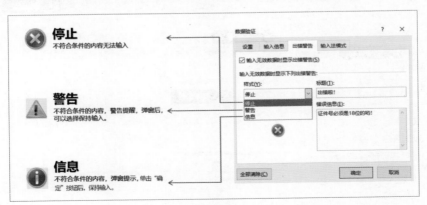

图 3-24

3.3　条件格式：快速标记所需的重要数据

3.3.1　实例 42——标记最大值：快速标记每一行最大值

当面对大量数据需要标记时，手动方法往往就不合适了，而条件格式就能轻松实现快速标记，如本实例中是快速标记每一行的最大值。操作步骤如下。

选中需要标记的数据区域，然后依次单击"开始"→"条件格式"→"新建规则"，弹出"编辑格式规则"对话框，在"选择规则类型"列表框中选择"使用公式确定要设置格式的单元格"选项，并在下方的公式编辑栏中输入如下公式：

$$=B2=MAX(\$B2:\$D2)$$

公式解读

B2 单元格是选中区域的左上角第 1 个单元格，也是进行查找的第 1 个单元格。

MAX() 函数是返回参数中的最大值。

\$B2:\$D2 则是固定 B 列到 D 列的列号，数字前没有固定，也就意味着行是可以往下延伸。

整体含义：从选中区域的第一行的第 1 个单元格（B2）开始，判断它是否是该行的最大值，如果不是，则检索下一个单元格（往右移动一个），只要满足该单元格是最大值，则应用设置的格式。

设置格式时，单击右下角的"格式"按钮，然后在"设置单元格格式"对话框中设置具体的格式效果，操作步骤如图 3-25 所示。

Excel 影响力
数据分析·可视化·AI 办公

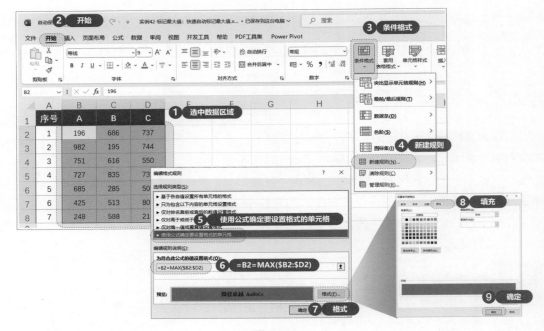

图 3-25

设置完成以后，就能自动批量完成每一行最大值的标注，效果如图 3-26 所示。

	A	B	C	D
1	序号	A	B	C
2	1	196	686	737
3	2	982	195	744
4	3	751	616	550
5	4	727	835	732
6	5	685	285	502
7	6	425	513	809
8	7	248	588	216

绿色底单元格
为该行最大值的单元格

图 3-26

3.3.2 实例 43——标记图标：按指定条件给数据单元格添加图标

在单元格中，经常需要根据数据的情况，添加相应的图标标记，例如，下方单元格中的数据，希望实现小于 60 的单元格前方添加✖图标，60 和 85 之间添加!图标，85 以上则添加✔图标。使用条件格式同样可以轻松搞定，具体操作步骤如下。

选中数据单元格，依次单击“开始”→“条件格式”→“新建规则”，弹出“新建格式规则”对话框，在“格式样式”下拉列表中选择“图标集”选项，并在下方设置具体的图标样式为✖!✔，“类型”为“数字”，继续在“值”文本框中设置 85 和 60（分界点），如图 3-27 所示。

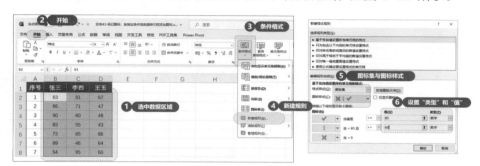

图 3-27

单击“确定”按钮，就能实现单元格前自动添加图标效果，如图 3-28 所示。

序号	张三	李四	王五
1	! 63	! 81	! 67
2	✔ 86	! 71	✖ 47
3	✔ 90	! 60	✖ 48
4	! 83	✔ 95	✖ 43
5	! 73	! 65	✔ 86
6	✔ 89	✖ 46	! 64
7	✖ 54	✔ 95	! 60

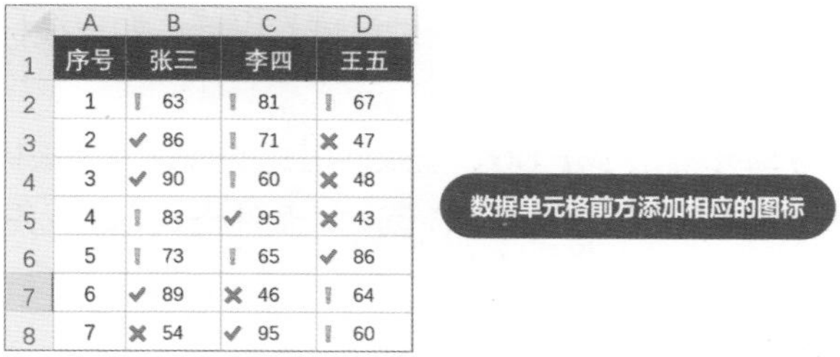

图 3-28

3.3.3 实例 44——突出显示：按指定规则标记相应单元格

如果想快速将下方数据单元格中小于 60 的单元格标记为红色，可以先选中数据单元格，然后依次单击“开始”→“条件格式”→“突出显示单元格规则”→“小于”，在弹出的“小于”对话框中设置具体值（如这里设置为 60），在后面的“设置为”下拉列表中可以选择详细的格式样式，如图 3-29 所示。

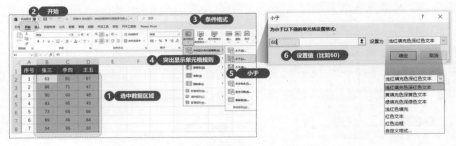

图 3-29

单击"确定"按钮，即可完成按规则标记相应单元格的效果，如这里是小于 60 的单元格都会变成浅红色，如图 3-30 所示。

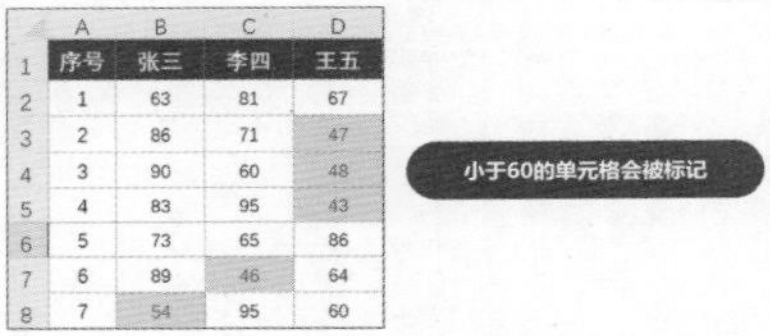

图 3-30

这里需要补充一点，当这个区域设置了"条件区域"以后，如果被标记了颜色，是无法通过常规的格式设置样式的。

例如，本实例中的 D3 单元格是小于 60，按条件格式的规则，会被标记为浅红色。此时，如果使用"开始"中的背景和字体进行设置会失效，因为"条件格式"的优先级是大于常规的"格式"的，如图 3-31 所示。

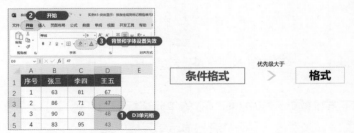

图 3-31

如果需要还原到常规的效果，可以依次单击"开始"→"条件格式"→"清除规则"→"清除所选单元格的规则"或"清除整个工作表的规则"，如图 3-32 所示。

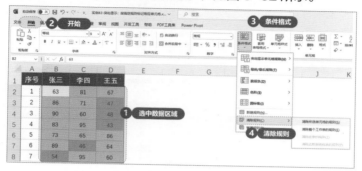

图 3-32

3.3.4　实例 45——数据条：缩小版的条形图

如果只是需要查看数据的大体趋势并对比，并不一定要制作图表，用数据条就能轻松完成。具体操作步骤如下。

选中数据区域，依次单击"开始"→"条件格式"→"数据条"，然后继续选择相应的形式，如"渐变填充"或"实心填充"，效果如图 3-33 所示。

图 3-33

如果需要对数据条的形式做详细的规范或要求，可以单击"数据条"下级菜单中的"其他规则"，弹出"新建格式规则"对话框，在"编辑规则说明"选项组中设置详情，尤其是"类型"一栏，如图 3-34 所示。

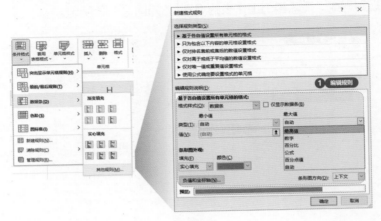

图 3-34

当数据条中的数据有负数时，可以单击左下角的"负值和坐标轴"按钮，即可打开相应的设置对话框，便可进行详细的设置，如图 3-35 所示。

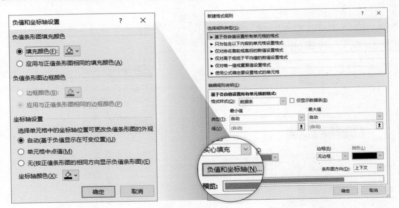

图 3-35

3.3.5 实例 46——自动变色：根据数据自动整行变色

在数据区域中，如果能结合数据为整行数据标记颜色，就能非常直观地查看数据的相应情况，如图 3-36 所示效果，D 列中内容为"离职"的整行数据均会自动变成灰色。

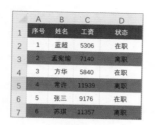

图 3-36

而该效果同样可以借助条件格式轻松实现，具体操作如下。

首先选中需要设置的单元格区域，然后依次单击"开始"→"条件格式"→"新建规则"，在弹出的对话框中选择最后一项"使用公式确定要设置格式的单元格"，并在下方公式栏中输入公式：

=$D2="离职"

这里需要特别说明，因为是判断 D 列，所以需要将 D 列锁定（加 $），而行是需要变化的，所以数字无需锁定。

继续设置判断条件成立时的格式，单击"格式"按钮，并在"填充"选项卡中设置灰色，单击"确定"按钮，即可完成整行变色效果，如图 3-37 所示。

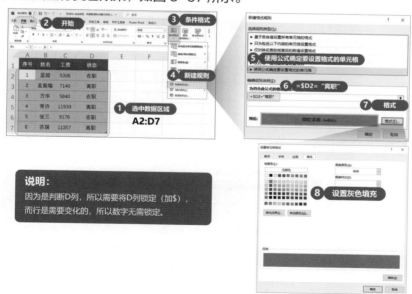

图 3-37

这种效果设置好以后，是动态的，也就是当 D 列中的内容变化时，只要符合条件格式的判定条件，就能触发相应的效果。

如果希望区域能自动根据内容实现拓展，可以在设置前将该区域设置为智能表格（快捷键：Ctrl+T），就能自动拓展选区了。

3.4 定位条件：智能定位查找与匹配

3.4.1 实例 47——可见单元格：快速定位可见单元格

在数据整理过程中，经常会需要隐藏或筛选行或列。如图 3-38 中，右击序号 2~6 行，在快捷菜单中选择"隐藏"命令，将其隐藏。

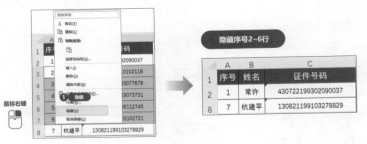

图 3-38

但是在选中区域时，该区域中的隐藏行或列都会被选中。判断的方法很简单，就是选中 A1:C8 区域后复制，新建空白的表并粘贴，就能将隐藏的 2~6 行粘贴出来，如图 3-39 所示。

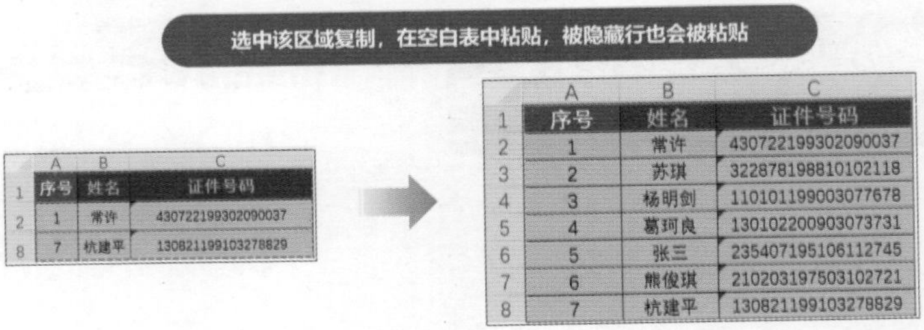

图 3-39

那么如何才能在选中该区域时，跳过隐藏的行或列呢？只需要在选中该区域以后，按快捷键 F5 或 Ctrl+G，打开"定位条件"对话框，选择"可见单元格"单选按钮，此时选中的区域就会自动跳过隐藏的行或列，如图 3-40 所示。

图 3-40

可以通过刚刚的复制和粘贴操作进行验证，也可以仔细观察定位可见单元格后的复制中间细微的变化，那就是隐藏行或列的中间位置会有动态的蚂蚁线，表示中间的隐藏行或列已经取消选择跳过了，如图 3-41 所示。

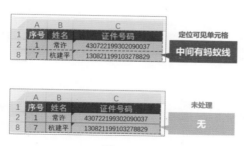

图 3-41

3.4.2　实例 48——巧用查找：根据单元格颜色求和

当单元格中的求和区域并不是连续区域而是不同的样式体现时，按常规的函数是无法直接求和的。例如，下方区域中的单元格用不同的颜色表示不同的类型（图 3-42），如何才能实现按单

元格的颜色来求和呢？

	A	B	C
1	编号	数量	销售额
2	1	王柳小	263
3	2	高斌军	753
4	3	黄珍春	873
5	4	徐杰志	830
6	5	高婷柳	389
7	6	赵艳涛	960
8	7	黄刚磊	710
9	8	张婷颖	445
10	9	李思璇	310
11	10	周立波	273

> 如何根据单元格颜色求和呢？

图 3-42

　　只需要巧用查找功能，将相同颜色的单元格查找出来再定义相应的名称，即可完成相应的运算。具体操作如下。

　　打开"查找和替换"对话框（快捷键：Ctrl+F），单击"格式"下拉按钮，选择"从单元格选择格式"，鼠标光标就会变成拾取的样式，此时单击任意颜色单元格（如本实例是单击绿色单元格），然后单击"查找全部"按钮，在下方就会显示所有绿色单元格的详情，然后单击任意一个并按快捷键 Ctrl+A 全选，就能将所有的绿色单元格全部批量选中，如图 3-43 所示。

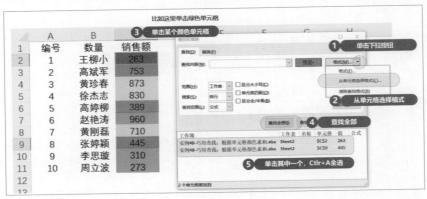

图 3-43

　　继续单击"公式"→"定义名称"，弹出"新建名称"对话框，在"名称"文本框中输入具体的名称，如这里定义的名称为"绿色"，单击"确定"按钮，如图 3-44 所示。

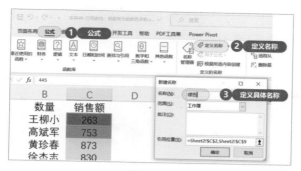

图 3-44

最后就是调用这个名称，即可将刚刚的某个颜色单元格批量完成求和。例如，在 E2 单元格中输入以下公式：

=SUM(绿色)

其中，绿色会变成蓝色，因为在前面定义过这个名称，这里是调用，按Enter键即可得到结果，如图 3-45 所示。

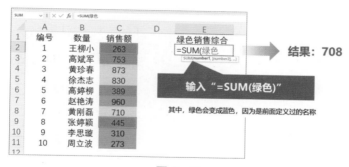

图 3-45

3.4.3 实例 49——对比差异：快速查找行/列内容差异

在数据整理中，经常需要进行行或列数据对比，查找差异单元格，如下方区域中，A 列和 C 列数据需要对比差异，如何高效地完成呢？具体操作步骤如下。

按住 Ctrl 键（实现不连续多选），选中 A 列和 C 列数据，打开"定位条件"对话框（快捷键：Ctrl+G），选择"行内容差异单元格"单选按钮，如图 3-46 所示。

单击"确定"按钮，此时，两列中差异单元格就会被选中（显示在第 1 次选中的列，也就是 A 列的 A3、A6、A9 单元格），如图 3-47 所示。

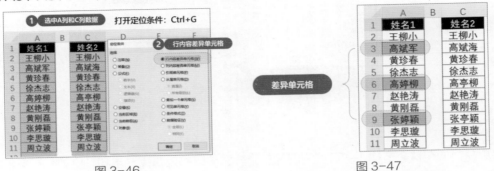

图 3-46   图 3-47

如果是对比列的差异单元格，就只需在刚刚操作的"定位条件"对话框中选择"列内容差异单元格"单选按钮。

3.4.4 实例 50——两张表对比：对比不同工作表上的两个区域差异

如果两个不同工作表的两个区域存在差异，如何快速找到差异单元格呢？例如，A 表中的 B2:F9 与 B 表中的 C3:G10 区域个别单元格有差异（图 3-48），该如何快速找出差异单元格呢？

A表

B2:F9

编号	数学	语文	英语	计算机	总分数
王柳小	59	95	96	98	348
高斌军	72	86	93	90	341
黄珍春	70	43	82	55	250
徐杰志	71	84	64	90	309
高婷柳	64	98	87	99	348
赵艳涛	61	86	56	76	279
黄刚磊	89	45	70	60	264
张婷颖	46	95	84	85	310

B表

C3:G10

编号	数学	语文	英语	计算机	总分数
王柳小	59	95	96	98	348
高斌军	72	86	93	90	341
黄珍春	70	70	82	55	277
徐杰志	71	84	64	90	309
高婷柳	64	98	87	99	348
赵艳涛	61	86	70	76	293
黄刚磊	89	45	70	60	264
张婷颖	59	95	84	85	323

图 3-48

这里可以利用条件格式实现自动查找与标记，操作方法如下。

先选中 A 表的 B2:F9 区域，依次单击"开始"→"条件格式"→"新建规则"，在弹出的对话框中选择"使用公式确定要设置格式的单元格"选项，并在下方的公式栏中输入如下公式：

B2<>B 表 !C3

"<>"表示不等于，A 表的 B2 单元格和 B 表的 C3 单元格是区域的左上起点单元格，对比后，会依次逐行（Z 字形）进行对比，将差异单元格进行标记，如图 3-49 所示。

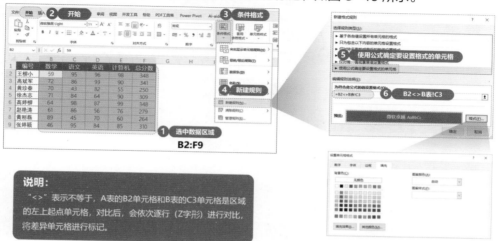

图 3-49

单击"确定"按钮，就能得到标记效果，如图 3-50 所示。

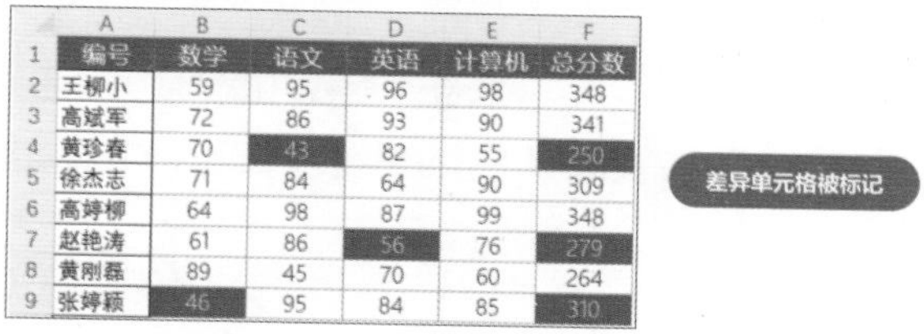

图 3-50

（此方法仅适用于微软 Excel，WPS 表格暂时不支持。）

3.4.5　实例 51——批量填充：批量修改和填充指定内容

在数据区域中，需要将满足某一条件的单元格完成批量填充或替换，可以搭配查找与批量填

充的方法实现。例如，下方单元格中，需要将所有小于 60 的单元格批量定位并且修改为"不及格"，可以按照如下操作步骤进行。

先选中数据区域 B2:E9，打开"查找和替换"对话框（快捷键：Ctrl+F），在"查找内容"文本框中输入"*"，表示只要单元格中有字符存在，就会被查找出来。单击"查找全部"按钮，在下方的查找结果中单击"值"，下方的内容就会按升序排序，按住 Shift 键选中第一行与数值是 60 的结果，就能将所有小于 60 的单元格批量选中（左侧相应单元格会变灰），如图 3-51 所示。

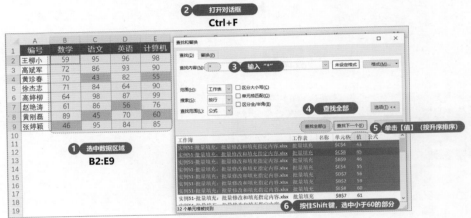

图 3-51

通过查找功能找到小于 60 单元格以后，关闭"查找和替换"对话框（只关闭对话框，不要单击单元格），直接输入"不及格"，按快捷键 Ctrl+Enter 即可，效果如图 3-52 所示。

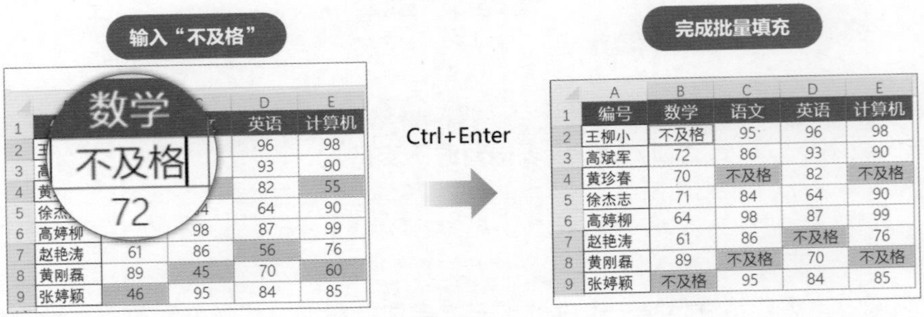

图 3-52

3.5　排序应用：做好排序，方能有条不紊

3.5.1　实例 52——多关键词排序：按指定优先级排序

排序在数据整理过程中很常用，如果需要同时对多个关键词进行排序，就需要打开"排序"对话框进行设置。例如，下方的数据区域需要按照"总分""科目一""科目二"和"科目三"的优先级按"降序"排序。具体操作方法如下。

单击该区域任意数据单元格，单击"数据"→"排序"，在弹出的对话框中单击"添加条件"按钮，按照"总分""科目一""科目二"和"科目三"的优先级按"降序"排序，如图 3-53 所示，单击"确定"按钮。

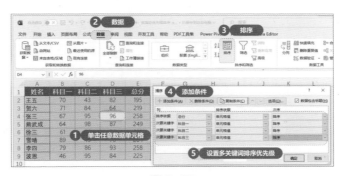

图 3-53

当"总分"相同的情况下，就会判断下一个关键词"科目一"，按降序排序，后面的以此类推，得到如图 3-54 所示的结果。

	姓名	科目一	科目二	科目三	总分
1	姓名	科目一	科目二	科目三	总分
2	李四	79	86	93	258
3	张三	67	95	96	258
4	熊武成	64	98	87	249
5	波恩	46	95	84	225
6	贺六	71	84	64	219
7	雪晴	89	45	70	204
8	徐三	61	86	56	203
9	王五	70	43	82	195

图 3-54

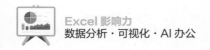

3.5.2 实例 53——自定义排序：按指定顺序排序

在排序过程中，如果要按指定的顺序排序，就需要将指定顺序导入系统的自定义序列中，再调用该序列。例如，下方表格希望实现按部门顺序排序：一部、二部、三部、四部、五部。因为是汉字，所以无法直接使用排序中的升序，需要将相应的顺序序列导入系统。具体操作方法如下。

单击软件左上角的"文件"→"选项"，在弹出的"Excel 选项"对话框中，单击"高级"选项，拖动至最底部，单击"编辑自定义列表"按钮，在"自定义序列"对话框右侧"输入序列"列表框中输入自定义的序列（按 Enter 键分隔），单击"确定"按钮，即可导入左侧的序列中，如图 3-55 所示。

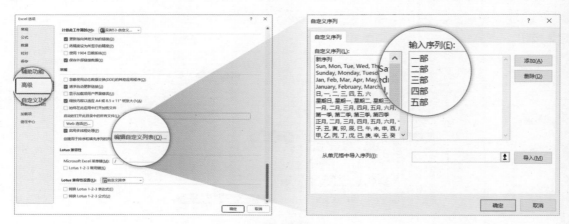

图 3-55

如果是 WPS 表格，则有一些区别，单击"文件"→"选项"，弹出"选项"对话框，通过"自定义序列"即可完成自定义序列的添加，如图 3-56 所示。其他步骤都类似。

**金山WPS
表格**

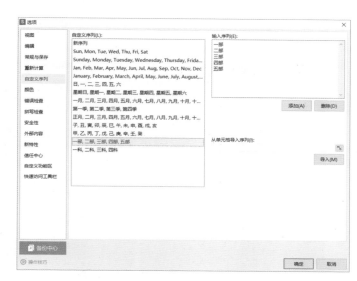

图 3-56

　　接下来调用该序列。可以使用鼠标单击 A 列任意数据，单击"数据"→"排序"，设置相关的排序依据，尤其是在"次序"下拉列表中选择"自定义序列"选项，在弹出的对话框中，选择刚刚设置的序列（一部、二部、三部、四部、五部），单击"确定"按钮，如图 3-57 所示。

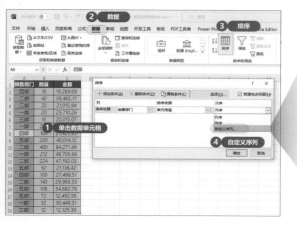

图 3-57

此时就能让 A 列的销售部门按指定的序列排序了，结果如图 3-58 所示。

销售部门	数量	金额
四部	16	19,269.69
二部	40	39,465.17
二部	20	21,015.94
一部	20	23,710.26
三部	16	20,015.07
一部	200	40,014.12
四部	100	21,423.95
五部	200	40,014.12
二部	400	84,271.49
一部	212	48,705.66
二部	224	47,192.03
五部	92	21,136.42
四部	100	27,499.51
二部	140	29,993.53
五部	108	34,682.76
五部	72	12,492.95
一部	32	30,449.31
三部	12	12,125.30

自定义排序

销售部门	数量	金额
一部	20	23,710.26
一部	200	40,014.12
一部	212	48,705.66
一部	32	30,449.31
二部	40	39,465.17
二部	20	21,015.94
二部	400	84,271.49
二部	224	47,192.03
二部	140	29,993.53
三部	16	20,015.07
三部	12	12,125.30
四部	16	19,269.69
四部	100	21,423.95
四部	100	27,499.51
五部	200	40,014.12
五部	92	21,136.42
五部	108	34,682.76
五部	72	12,492.95

图 3-58

3.5.3 实例 54——工资条模型：给每一行数据设置独立的表头

常规的表格由"表头行"和"内容行"构成，如果将每一行内容都设置独立的表头，就需要对数据行进行拆分并分别添加表头行，这种需求使用排序就能轻松实现。具体操作步骤如下。

(1) 在下方数据区域的最右侧空列新增与数据行数量相等的辅助序列（输入 1、2 后双击填充柄即可）。

(2) 将生成的辅助序列复制两次并放在下方单元格。

(3) 复制表头行，在最下方的辅助序列左侧的空行粘贴。

(4) 单击最右侧的辅助序列，依次单击"数据"→"排序"→"升序"，即可得到相应效果，如图 3-59 所示。

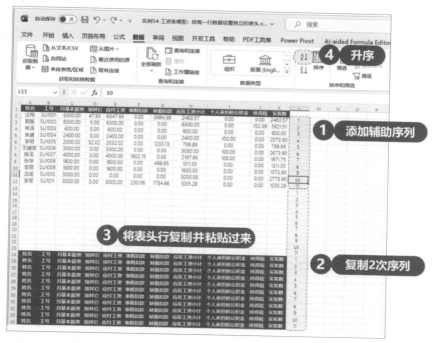

图 3-59

在辅助序列中，每一个数字（以"1"为例）从上往下分别是数据行、空行、下一个表头行，当完成升序排序后，就会排在一起，最终实现所需要的效果，如图 3-60 所示。

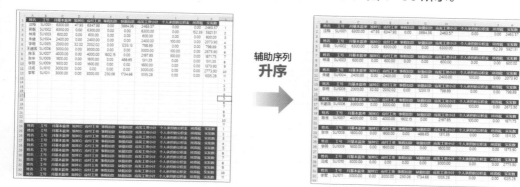

图 3-60

3.6 筛选应用：小筛选，大奥秘

3.6.1 实例 55——筛选范围：筛选某一范围的内容

筛选不仅可以按条件筛选，还可以筛选特定范围，如数字范围、文本包含等。下面通过实例进行讲解。

1. 数字范围

例如，下方数据区域中，需要筛选 C 列发生额中金额在 50~100 的数据，可以先单击任意数据区域，然后单击"数据"→"筛选"（快捷键：Ctrl+Shift+L），于是列标题单元格的右侧都会多出一个下拉三角，单击 C 列"发生额"右侧的下拉按钮，选择"数字筛选"→"介于"命令，在弹出的"自定义自动筛选"对话框中，设置具体的数值范围为 50,100，如图 3-61 所示。

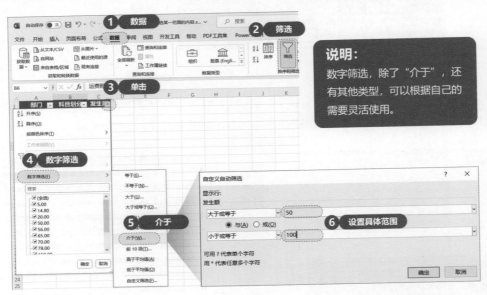

图 3-61

单击"确定"按钮后，可以筛选符合筛选范围的数据，如图 3-62 所示。

图 3-62

2. 文本包含

例如，需要筛选 A 列部门中名称带有"车间"的数据，可以单击"筛选"（步骤同上）后，单击"部门"右侧的下拉按钮，选择"文本筛选"→"包含"命令，在弹出的对话框中输入需要包含的文本：车间，如图 3-63 所示。

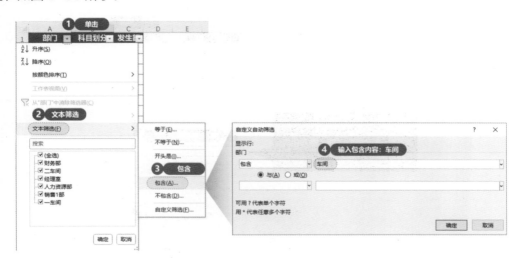

图 3-63

单击"确定"按钮，即可筛选包含相应内容的数据，如图 3-64 所示。

包含"车间"文本
筛选

图 3-64

3.6.2 **实例 56——按字数筛选：巧用通配符筛选特定字数内容**

　　如果希望按照特定字数筛选，可以在下拉筛选的搜索框中直接输入相应字数的"？"（"？"必须是半角符号），即可筛选和"？"字数相等的数据内容，如图 3-65 所示。

　　其中"？"是通配符，表示单个字符。

图 3-65

　　如果需要取消筛选，可以使用快捷键 Ctrl+Shift+L（同筛选快捷键）。

3.6.3　实例 57——高级筛选 1：整理不重复内容

在筛选数据时，经常会有重复数据，如果只需要筛选出不重复的内容，可以借助"高级筛选"功能完成。例如，下方的数据区域中 E 列的"科目"有很多重复的内容，需要将不重复的内容单独筛选出来放置在 H 列，可以按照如下操作步骤进行。

单击"数据"→"排序和筛选"→"高级"，弹出"高级筛选"对话框，在"方式"选项组中，选择"将筛选结果复制到其他位置"单选按钮，设置"列表区域"为 E 列、"复制到"为 H1（或其他需要放置的位置），勾选下方的"选择不重复的记录"复选框，如图 3-66 所示。

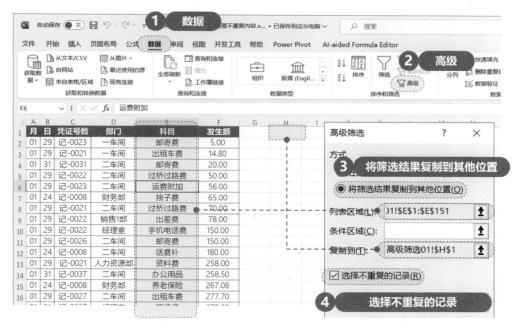

图 3-66

单击"确定"按钮，即可完成不重复内容的筛选与显示，如图 3-67 所示。

月	日	凭证号数	部门	科目	发生额		科目
01	29	记-0023	一车间	邮寄费	5.00		邮寄费
01	29	记-0021	一车间	出租车费	14.80		出租车费
01	31	记-0031	二车间	邮寄费	20.00		过桥过路费
01	29	记-0022	二车间	过桥过路费	50.00		运费附加
01	29	记-0023	二车间	运费附加	56.00		独子费
01	24	记-0008	财务部	独子费	65.00		出差费
01	29	记-0021	二车间	过桥过路费	70.00		手机电话费
01	29	记-0022	销售1部	出差费	78.00		话费补
01	29	记-0022	经理室	手机电话费	150.00		资料费
01	29	记-0026	二车间	邮寄费	150.00		办公用品
01	24	记-0008	二车间	话费补	180.00		养老保险
01	29	记-0021	人力资源部	资料费	258.00		招待费
01	31	记-0037	二车间	办公用品	258.50		交通工具消耗
01	24	记-0008	财务部	养老保险	267.08		采暖费补助
01	29	记-0027	二车间	出租车费	277.70		教育经费
01	31	记-0037	经理室	招待费	278.00		失业保险
01	31	记-0031	销售1部	手机电话费	350.00		修理费
01	29	记-0027	销售1部	出差费	408.00		工会经费
01	29	记-0022	销售1部	出差费	560.00		误餐费
01	29	记-0022	二车间	交通工具消耗	600.00		公积金
01	24	记-0008	财务部	采暖费补助	925.00		抵税运费
01	29	记-0027	经理室	招待费	953.00		其他
01	29	记-0022	二车间	过桥过路费	1,010.00		交通工具修理
01	29	记-0022	二车间	交通工具消耗	1,016.78		劳保用品
01	29	记-0026	二车间	邮寄费	1,046.00		运输费
01	24	记-0008	人力资源部	教育经费	1,066.25		
01	24	记-0008	人力资源部	失业保险	1,068.00		
01	29	记-0023	销售1部	出差费	1,256.30		
01	29	记-0024	二车间	修理费	1,260.00		
01	31	记-0031	销售2部	手机电话费	1,300.00		
01	29	记-0025	销售1部	出差费	1,328.90		
01	24	记-0008	财务部	工会经费	1,421.66		
01	29	记-0026	销售1部	出差费	1,755.00		

图 3-67

如果需要验证 H 列的结果都是不重复的记录，可以选中 H 列，依次单击"开始"→"条件格式"→"突出显示单元格规则"，弹出"重复值"对话框，单击"确定"按钮，如图 3-68 所示。

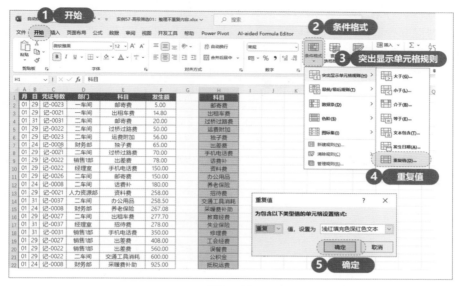

图 3-68

如果 H 列中没有单元格变颜色，就说明 H 列中没有重复值，都是不重复的内容。

3.6.4　实例 58——高级筛选 2：筛选复杂条件的内容

高级筛选可以将复杂的筛选条件使用条件区域简化并实现筛选。例如，下方的数据区域中，希望实现多条件的复杂筛选：

一车间中发生额大于 1000 或二车间中发生额大于 2000 或销售 1 部中科目为出差费且发生额大于 1000 的数据。

这些条件看似复杂，其实将它们转换成条件区域就能很方便地直观呈现，其中，"且"的关系就放在同一行，"或"的关系就放在不同行，于是得到如图 3-69 所示的条件区域形式。

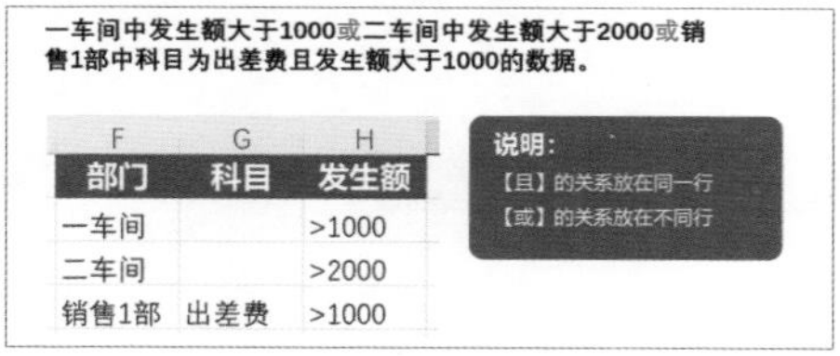

图 3-69

条件区域设置好后，接下来就可以依次单击"数据"→"排序和筛选"→"高级"，弹出"高级筛选"对话框，选择"将筛选结果复制到其他位置"单选按钮，然后设置"列表区域"为"A1:C151"、"条件区域"为"F1:H4"、"复制到"为J1，如图 3-70 所示。

图 3-70

单击"确定"按钮，即可得到符合条件的筛选结果，如图 3-71 所示。

	列表区域				条件区域				结果区域		
	A	B	C	D	E	F	G	H	I	J	K	L
1	部门	科目	发生额			部门	科目	发生额		部门	科目	发生额
2	一车间	邮寄费	5.00			一车间		>1000		销售1部	出差费	1,256.30
3	一车间	出租车费	14.80			二车间		>2000		销售1部	出差费	1,328.90
4	二车间	邮寄费	20.00			销售1部	出差费	>1000		销售1部	出差费	1,755.00
5	二车间	过桥过路费	50.00							销售1部	出差费	2,220.00
6	二车间	运费附加	56.00							二车间	误餐费	3,600.00
7	财务部	独子费	65.00							一车间	抵税运费	31,330.77
8	二车间	过桥过路费	70.00							销售1部	出差费	1,051.60
9	销售1部	出差费	78.00							销售1部	出差费	1,156.40
10	经理室	手机电话费	150.00							销售1部	出差费	1,156.40
11	二车间	邮寄费	150.00							销售1部	出差费	1,638.00
12	二车间	话费补	180.00							销售1部	出差费	1,673.00
13	人力资源部	资料费	258.00							销售1部	出差费	1,840.50
14	二车间	办公用品	258.50							销售1部	出差费	2,429.10
15	财务部	养老保险	267.08							二车间	误餐费	3,600.00
16	二车间	出租车费	277.70							销售1部	出差费	1,384.90
17	经理室	招待费	278.00							销售1部	出差费	1,588.90
18	销售1部	手机电话费	350.00							销售1部	出差费	1,599.80
19	销售1部	出差费	408.00									
20	销售1部	出差费	560.00									

图 3-71

Chapter

04

函数篇

实用函数，实现数据分析赋能

实际工作中的数据分析需求，琐碎而繁杂，而有了
函数的支持，就能轻松搞定各种数据分析、处理、计算
等操作。

针对不同类型的场景，可以使用相对应的函数，并
且可以借助函数的嵌套实现灵活的搭配，从而具有更强
的灵活度，满足各种复杂的个性化需求。

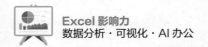

4.1　统计与计数类函数

4.1.1　实例 59——巧用 SUM：合并单元格的值批量求和

在表格中对数据进行求和时，很多人习惯将求和区域后的单元格进行合并操作，虽然视觉上更方便识别，但是因为合并单元格大小不一，导致无法批量完成求和，如图 4-1 所示。

图 4-1

如果希望实现上方的合并单元格批量求和，可以按如下操作步骤进行。

(1) 批量选中 E 列合并单元格。

(2) 输入 "=SUM(D2:$D$12)−SUM(E3:$E$12)"。

(3) 按快捷键 Ctrl+Enter，即可得到批量求和结果，如图 4-2 所示。

序号	部门	姓名	数量	合计
1		常许	304	
2	培训部	苏琪	383	1114
3		杨明剑	427	
4	商务部	葛珂良	441	767
5		张三	326	
6		熊俊琪	285	
7	设计部	杭建平	484	1510
8		李四	251	
9		孙俊美	490	
10	财务部	王唐飞	332	550
11		徐飞	218	

图 4-2

这里对上方的步骤 (2) 和 (3) 进行解释。

首先，合并单元格的值是第 1 个单元格的值，其余单元格为空值，如图 4-3 所示。

因此，E 列合并单元格实际有值的单元格为 E2、E5、E7、E11。而在选中 E 列合并单元格时，实际选中的也是以上 4 个单元格，如图 4-4 所示。

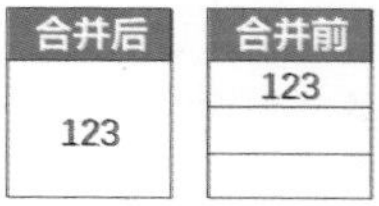

图 4-3   图 4-4

E2（实际合计 01）单元格的值为 SUM(D2:D12) 与 SUM(E3:E12) 的差值，E5(实际合计 02) 单元格的值为 SUM(D5:D12) 与 SUM(E6:E12) 的差值，依次类推。

所以 SUM(D2:D12) 与 SUM(E3:E12) 中结束位置的单元格需要绝对引用变成"=SUM(D2:$D$12)–SUM(E3:$E$12)"。这样求和区域的开始单元格的位置会跟随合并单元格位置变化而变化，但是结束单元格是相对固定的，从而满足以上需求。

按快捷键 Ctrl+Enter 实现批量填充，完成批量求和的效果。

4.1.2 实例 60——LEN+SUBSTITUTE：统计单元格中的人数

在进行数据统计时，要进行统计的数据有可能存在于一个单元格内，导致无法直接使用 SUM() 函数进行直接计算，如图 4-5 所示。

图 4-5

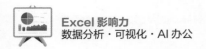

此时，只需要使用 LEN() 函数与 SUBSTITUTE() 函数搭配，就能实现统计单元格中的人数。

1. 函数编写思路

(1) B 列单元格中的姓名数量和中间的分隔符（逗号）正好相差 1，所以只需要计算出分隔符的数量，再加上 1 就是姓名的数量（人数）了。

(2) 分隔符的计算可以使用整个单元格的原本字符数减去将分隔符替换以后的字符数，就能得到分隔符的字符数。

2. 函数作用

LEN() 函数可用于计算单元格字符长度。

SUBSTITUTE() 函数是将字符串中的部分字符替换成新字符串。具体参数含义如图 4-6 所示。

> 口表示选填
>
> **SUBSTITUTE(字符串，原字符串，新字符串，[替换序号])**

图 4-6

所以可以在 C2 单元格中写下如下公式：

=LEN(B2)−LEN(SUBSTITUTE(B2,",",""))+1

双击填充柄，即可得到结果，如图 4-7 所示。

C2	✓ : ✕ ✓ ƒx	=LEN(B2)-LEN(SUBSTITUTE(B2,",",""))+1	
	A	B	C
1	部门	姓名	人数
2	本部	刘耀淇,卓海蓉,陈少忠,陈少华,钟梅珍,傅冰洁,姚晓英,陈晖林	8
3	综合	李乃鹏,朱显,谢文土,康贤锻,刘剑彬,陈伟峰,朱红,李健,周志娟,范瑞云,梅骏,翟莉,彭佳佳,黄伟强,黎洪泽	15
4	财务	叶自力,陈巧红,邱燕挺,陈雪萍,谢兰英,曹小波,邓璐,钟彦,陈伟历	9
5	总裁办	王祎	1
6	投资	陈志锋,吴思远,贾世伟	3

图 4-7

3. 公式解读

(1) "SUBSTITUTE(B2,",","")" 是将 B2 单元格中的 "," 替换成了空，然后嵌套使用 LEN() 函数统计替换以后的字符数。

(2) LEN(B2)−LEN(SUBSTITUTE(B2,",","")) 是使用原本总的字符数减去替换以后的字符

数，得到分隔符的数量，然后加上 1，得到最终的姓名数量（即人数）。

4.1.3 实例 61——COUNTIF 函数：根据条件统计数量

"条件计数"是数据分析中非常常见的数据分析需求，一般使用 COUNTIF() 函数。该函数的具体参数含义如图 4-8 所示。

COUNTIF 函数

含义：计算某个区域中满足给定条件的单元格数量。

=COUNTIF(range,criteria)

范围　　条件

图 4-8

在 D 列中，需要统计 C 列部门在 A 列中出现的次数，如图 4-9 所示。
只需要在 D2 单元格中输入以下公式：
=COUNTIF($A$2:$A$11,C2)

=COUNTIF($A$2:$A$11,C2)

	A	B	C	D
1	部门		部门	个数
2	设计部		设计部	2
3	设计部		培训部	3
4	培训部		财务部	1
5	培训部		行政部	4
6	培训部			
7	财务部			
8	行政部			
9	行政部			
10	行政部			
11	行政部			

图 4-9

其中，为了不让第 1 个参数跟着移动（如果移动了区域，则结果就错误），所以需要固定区

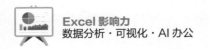

Excel 影响力
数据分析·可视化·AI 办公

域，可以单击第 1 个参数区域后，按键盘上的 F4 键（如果笔记本电脑操作无效时，可同时按下 Fn+F4 键）完成锁定。此时，在字母和数字前都会出现"$"符号，表示条件区域已经锁定。

4.1.4 实例 62——COUNTIF+ 数据验证：避免录入重复值

在录入数据时，经常会遇到数据重复录入的情况，如何避免呢？只需要使用 COUNTIF() 函数和"数据验证"的组合搭配即可，具体操作步骤如下。

(1) 选中需要设置的区域。

(2) 单击"数据"→"数据验证"，弹出"数据验证"对话框，在"允许"下拉列表中选择"自定义"选项。

(3) 在"公式"文本框中输入：

=COUNTIF($A$2:$A$11,A2)<2

操作步骤如图 4-10 所示。

图 4-10

(4) 切换到"出错警告"，设置出错后的提示标题为：重复啦！正文为：数据重复录入，请重新录入！如图 4-11 所示。

设置好以后，在该区域录入不重复数据是正常的，一旦录入重复数据，就会出现出错警告，而且无法录入，效果如图 4-12 所示。

图 4-11

图 4-12

公式解读

公式：=COUNTIF($A$2:$A$11,A2)<2 中，A2:A11 区域是需要锁定的，否则查找匹配区域就会移动，所以可以按 F4 键完成区域的锁定。

公式整体的含义就是在区域中统计每个单元格的值数量，小于 2 就是可以正常录入的，超过 1（也就是不小于 2）就不符合数据验证的要求，就会执行出错警告的程序。

4.1.5　实例 63——SUMIF 函数：根据条件求和

如果需要实现根据条件求和，可以使用 SUMIF 函数来完成。该函数的具体参数如图 4-13 所示。

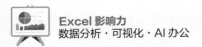

SUMIF 函数

含义：对满足条件的单元格求和。

=SUMIF(range,criteria,[sum_range])

条件范围　　条件　　求和范围

图 4-13

实战实例 01

计算 A 列中月份为 1 月（D2 单元格内容）的销售量（B 列）总和。
只需要在 E2 单元格中输入以下公式：
=SUMIF($A$2:$A$16,D2,$B$2:$B$16)
结果如图 4-14 所示。

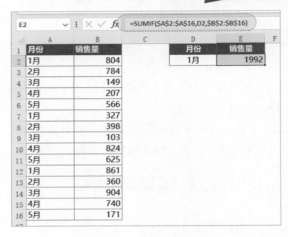

图 4-14

公式解读

公式：=SUMIF($A$2:$A$16,D2,$B$2:$B$16) 中，A2:A16 区域是条件范围，是需要锁

116

定的，否则条件范围就会移动，所以可以按下 F4 键完成区域的锁定。D2 是具体条件，B2:B16
是求和范围，也同样需要锁定。

实战实例 02

条件如果不在单元格中，还可以将条件直接写在公式中。

例如，现在需要计算"单月销售超过 400"的销售总和，可以在 G2 单元格中输入以下公式：
=SUMIF($B$2:$B$16,">400",$B$2:$B$16)

结果如图 4-15 所示。

=SUMIF($B$2:$B$16,">400",$B$2:$B$16)

	A	B	C	F	G
1	月份	销售量			"单月销售量超过400"的销售量总和
2	1月	804			6108
3	2月	784			
4	3月	149			
5	4月	207			
6	5月	566			
7	1月	327			
8	2月	398			
9	3月	103			
10	4月	824			
11	5月	625			
12	1月	861			
13	2月	360			
14	3月	904			
15	4月	740			
16	5月	171			

图 4-15

公式解读

公式：=SUMIF($B$2:$B$16,">400",B2:B16) 中，B2:B16 区域是条件范围（以及求和
范围），是需要锁定的，条件是">400"，当其作为参数时，需要加上双引号（易错点，需重点注意）。

实战实例 03

如果表是横向的，也可以实现条件求和，如在图 4-16 所示表中，需要计算总计，可以在 A4
单元格中输入以下公式：
=SUMIF($D$3:$O$3,A3,$D$4:$O$4)

然后再往右填充即可，如图 4-16 所示。

图 4-16

公式解读

函数公式的使用和前面的两个实例类似，只是通过本实例强化对于横向条件求和实例的应用。

4.1.6 实例 64——MAX 函数：合并单元格填充序号

在表格中经常会遇到合并单元格，而合并单元格本身是不能直接下拉填充序号的。除非合并单元格大小相同，否则无法实现填充并有弹窗提示，如图 4-17 所示。

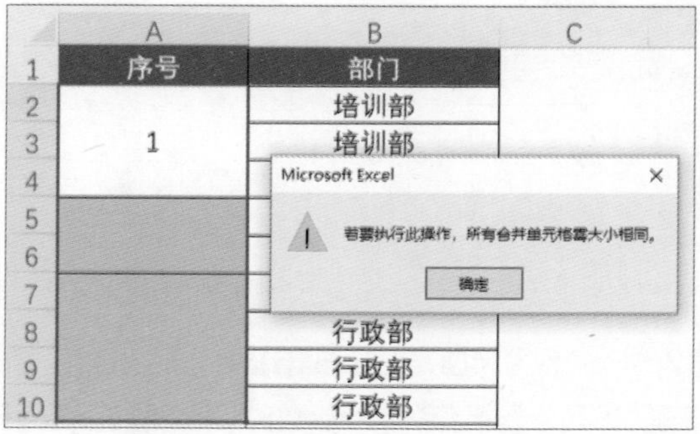

图 4-17

如果想实现合并单元格填充序号的效果，可以借助 MAX 函数来实现。MAX 函数的含义为：返回一组数值中的最大值，忽略逻辑值及文本。

具体做法如下。

(1) 使用鼠标选中需要设置填充序号的合并单元格区域。

(2) 通过键盘直接输入公式：=MAX($A$1:A1)+1。

(3) 按快捷键 Ctrl+Enter，得到如图 4-18 所示的效果。

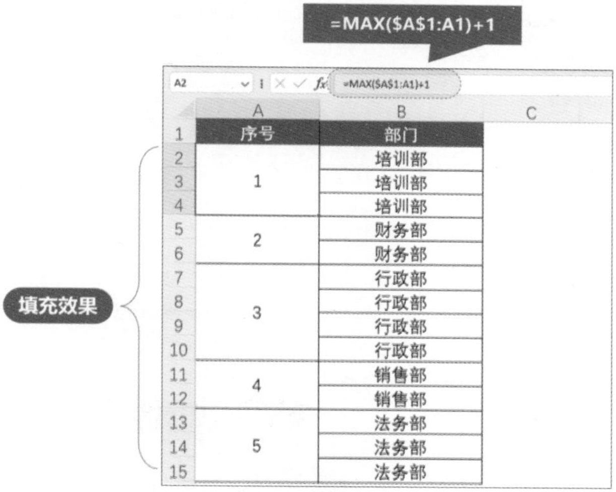

图 4-18

公式解读

公式：MAX($A$1:A1)+1 中，A1:A1 的第 1 个 A1 是固定的，所以需要锁定；第 2 个 A1 是活动的，根据下拉填充的单元格位置自动改变位置，由于是从 A2 单元格开始，上一个单元格 A1 是 0（MAX 函数会忽略文本），所以需要 +1。

Ctrl+Enter 是批量填充的快捷键，实现将刚刚选中的区域批量按公式填充。

4.1.7　实例 65——ROW&COLUMN：自动更新行/列号

在表格中，如果按照常规方式添加序号，一旦行或列有增加或删除，序号就会错乱。如果希望能在行或列有变动时，序号能自动调整，就需要借助 ROW 或 COLUMN 函数，具体含义如图 4-19 所示。

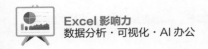
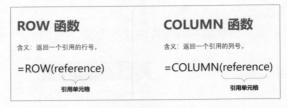

图 4-19

下方表格中希望实现删除行或列以后，能实现 A 列的行号和第 1 行中的列号自动更新，可以在 A3 单元格和 B1 单元格中分别输入以下公式：

A3 单元格公式：=ROW(A1)。

B1 单元格公式：=COLUMN(A1)。

结果如图 4-20 所示。

列号→	1	2	3
行号↓	部门	姓名	数量
1	培训部	常许	304
2	培训部	苏琪	383
3	培训部	杨明剑	427
4	商务部	葛珂良	441
5	商务部	张三	326
6	设计部	熊俊琪	285
7	设计部	杭建平	484
8	设计部	李四	251
9	设计部	孙俊美	490
10	财务部	王唐飞	332
11	财务部	徐飞	218

图 4-20

因为这种方式是与行号和列号联动的，所以当有行或列的增删时，相应的序号也会同步联动更新，从而实现序号的连续而不会中断。

4.1.8 实例 66——COUNTA+SUM：计算合并行数量

当表格中有合并单元格，需要计算合并行（单元格）的数量时，可以借助 COUNTA 函数和 SUM 函数来批量计算。COUNTA 函数是计算区域中非空单元格的个数。具体操作步骤如下。

(1) 使用鼠标选中合并单元格的区域（全部）。

(2) 输入公式：=COUNTA(B2:B12)-SUM(C4:C12)。

(3) 按快捷键 Ctrl+Enter，批量填充。

完成后的效果如图 4-21 所示。

图 4-21

公式解读

公式：COUNTA(B2:B12)-SUM(C4:C12) 中，COUNTA 函数计算 B2:B12 单元格中非空单元格的个数，SUM 函数则计算 C 列第 2 个合并单元格及下方的区域的和，两者相减则为第 1 个合并单元格中的个数。

Ctrl+Enter 是批量填充的快捷键，可以往下依次按照以上规则填充，从而实现统计合并行（单元格）的格式。

4.1.9　实例 67——跨表求和：使用 SUM 函数批量跨表求和

当需要求和的单元格分布在不同的工作表中时，如果逐个单击求和效率太低了，可以使用 SUM 函数搭配批量跨表求和来完成。例如，有一个工作簿，里面包含"一店、二店、三店、……、六店"，现在需要将这 6 个工作表的 B3:B8 单元格求和并放在"跨表求和"工作表的 B2:B7 单元格中，如图 4-22 所示。

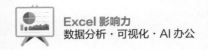

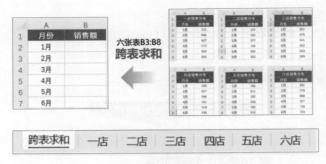

图 4-22

微软 Excel 操作方法如下。

(1) 单击"跨表求和"工作表的 B2 单元格。

(2) 输入"=SUM(",然后按住 Shift 键单击"一店"的 B3 单元格和"六店"(工作表名称)。

(3) 按 Enter 键,并双击 B2 单元格的填充柄。

效果如图 4-23 所示。

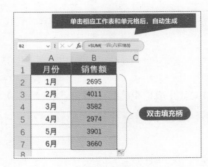

图 4-23

WPS 表格操作方法如下。

WPS 表格的操作方法与微软 Excel 的操作方法略有区别,具体完整流程如下。

(1) 单击"跨表求和"工作表的 B2 单元格。

(2) 输入"=SUM()",然后按住 Shift 键单击"一店"的 B3 单元格和"六店",并单击 B3 单元格(此处与微软 Excel 操作不一样)。

(3) 按 Enter 键,并双击 B2 单元格的填充柄。

效果如图 4-24 所示。

图 4-24

4.2 逻辑判断类函数

4.2.1 实例 68——IF 函数：条件判断并返回特定内容

如果需要根据不同条件进行判断，并结合判断结果返回不同值，可以使用 IF 函数。具体函数参数如图 4-25 所示。

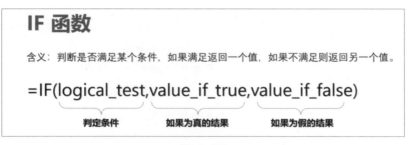

图 4-25

下方表格中，希望实现根据 B 列单元格中的分数判定成绩，如果分数在 60 分及以上，返回"合格"，否则返回"不合格"。具体操作步骤如下。

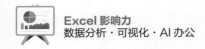

（1）单击 C2 单元格。

（2）输入公式：=IF(B2>=60,"合格","不合格")。

（3）生成结果以后，双击 C2 单元格右下角的填充柄完成填充，如图 4-26 所示。

=IF(B2>=60,"合格","不合格")

	A	B	C
1	月份	评分	评定
2	1月	82	合格
3	2月	44	不合格
4	3月	64	合格
5	4月	71	合格
6	5月	77	合格
7	6月	49	不合格
8			

图 4-26

公式解读

公式：=IF(B2>=60,"合格","不合格")中，所有符号均为半角符号（英文状态下输入），尤其是双引号，这是最容易出错的地方。

4.2.2 实例 69——IF 函数嵌套：多条件判断返回特定内容

下方表格中，希望实现根据 B 列单元格中的分数判定成绩，如果分数在 90 分及以上，返回"优秀"；如果分数在 80 分至 90 分之间，返回"良好"；如果分数在 60 分至 80 分之间，返回"合格"；如果分数在 60 分以下，返回"不合格"。这个效果需要使用 IF 函数嵌套。具体操作步骤如下。

（1）单击 C2 单元格。

（2）输入公式：=IF(B2>=90,"优秀",IF(B2>=80,"良好",IF(B2>=60,"及格","不及格")))。

（3）生成结果以后，双击 C2 单元格右下角的填充柄完成填充，如图 4-27 所示。以上公式的运作机制如图 4-28 所示。

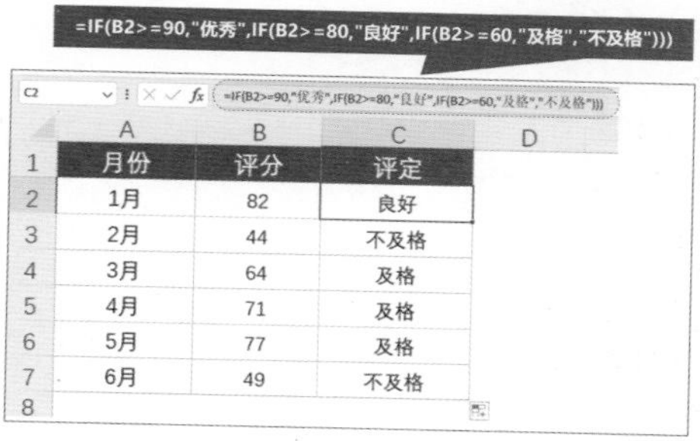

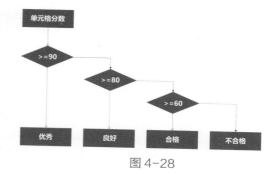

图 4-27

图 4-28

因为函数的运行是从最外层到最内层，所以需要从"＞=90"开始，而不能从"＞=60"开始，因为前者返回结果是一个值，而后者包含多个值，所以在使用 IF 函数嵌套时，需要考虑运行的方向和顺序。

为了方便初学者理解，可以将函数编写时按不同嵌套形式用单元格内换行表示，单元格内换行的快捷键是 Alt+Enter。具体调整形式如图 4-29 所示。

图 4-29

4.3　文本截取与转换类函数

4.3.1　实例 70——LEFT+LEN+RIGHT：拆分数字与汉字

在表格中有"三把剪刀"，分别是 LEFT、MID 和 RIGHT 三个函数，可实现从左、中、右三个方向对单元格内容进行截取，再搭配 LEN 函数就能实现各种灵活的文本截取应用。

本实例主要讲解其中的 LEFT、RIGHT 和 LEN 函数，实现灵活拆分数字和汉字的效果。三

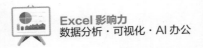

个函数的具体含义如图 4-30 所示。

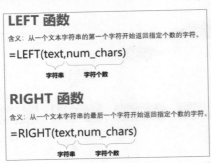
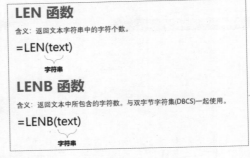

图 4-30

需要特别说明的是，1 个汉字是 1 个字符，占 2 个字节；1 个英文字母或数字是 1 个字符，占 1 个字节。所以可以将上面的 LEN() 函数理解为字符数，LENB() 函数理解为字节数，如图 4-31 所示。

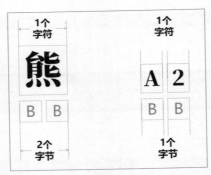

图 4-31

实战实例

在下方表格中，B 列中有姓名和手机号，现在需要将姓名（汉字）拆分提取到 C 列，手机号（数字）拆分提取到 D 列，而且支持更新（即 B 列有更新，C 和 D 列也会同步更新）。

对于 C 列，只需要在 C2 单元格中输入以下公式：

=LEFT(B2,LENB(B2)-LEN(B2))

结果如图 4-32 所示。

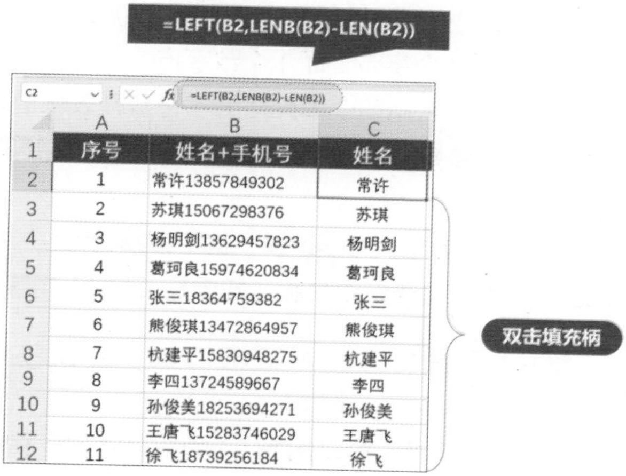

图 4-32

1. 公式：=LEFT(B2,LENB(B2)–LEN(B2)) 中，LENB(B2)–LEN(B2) 的结果是汉字的数量，因为 1 个汉字占 2 个字节，而 1 个数字占 1 个字节，所以整个单元格的字节数与字符数的差值就是汉字的个数。然后以其结果作为 LEFT 函数的第 2 个参数，就可以从左往右截取汉字长度的完整汉字字符。

对于 D 列，只需要在 D2 单元格中输入以下公式：

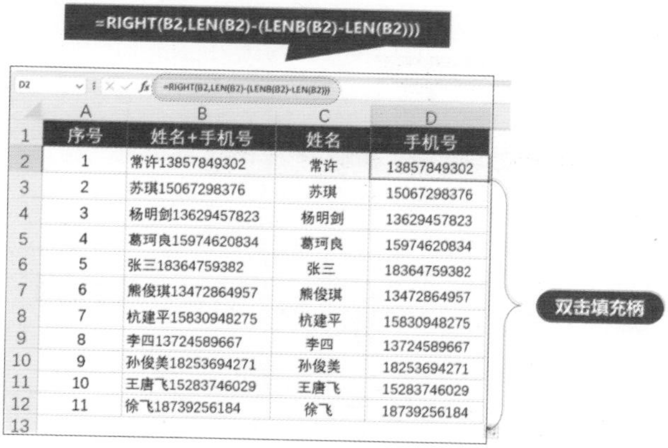

=RIGHT(B2,LEN(B2)–(LENB(B2)–LEN(B2)))

结果如图 4-33 所示。

图 4-33

2. 公式：=RIGHT(B2,LEN(B2)-(LENB(B2)-LEN(B2))) 中，LENB(B2)-LEN(B2) 的结果是汉字的数量，因为 1 个汉字占 2 个字节，而 1 个数字占 1 个字节，所以整个单元格的字节数与字符数的差值就是汉字的个数。然后用整个单元格的字符数减去该值，就等于右侧数字的长度，将其作为 RIGHT 函数的第 2 个参数，就能得到从右往左截取的完整的数字长度的字符了。

以下是两点建议：

(1) 公式建议分步骤写，一层一层地写，方便理解，也不容易出错。

(2)LENB 函数在微软 Excel 中，需要是中文版，如果是英文版，可能没有该函数。

4.3.2 实例 71——MID 函数：自动提取证件号中的出生日期

对于字符串中需要从中间截取的需求，可以用 MID 函数来满足。具体函数的参数含义如图 4-34 所示。

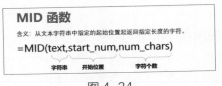

图 4-34

在下方表格中，C 列是身份证件号，从第 7 位开始往后截取 8 位长度，是出生日期的 8 位数字，现在需要截取出来，可以使用 MID 函数，只需要在 D2 单元格中输入以下公式：

=MID(C2,7,8)

效果如图 4-35 所示。

=MID(C2,7,8)

序号	姓名	证件号	出生日期
1	常许	510106199008160817	19900816
2	苏琪	360923199405117436	19940511
3	杨明剑	440305196303298767	19630329
4	葛珂良	330621199505069017	19950506
5	张三	341181197506083813	19750608
6	熊俊琪	220202198110135393	19811013
7	杭建平	150426199702188866	19970218

双击填充柄

图 4-35

4.3.3　实例 72——TEXT 函数：将内容调整为指定格式

实战实例 01

在实例 71 中，得到 8 位出生日期的数字后，如果需要调整为特定的格式，如"yyyy-mm-dd"的形式，则可以嵌套 TEXT 函数，该函数的具体含义如图 4-36 所示。

图 4-36

在 E2 单元格中输入以下公式：

=--TEXT(D2,"0000-00-00")

双击填充柄完成填充以后，将相应单元格设置为"短日期"格式，效果如图 4-37 所示。

图 4-37

公式解读

公式：=--TEXT(D2,"0000-00-00") 中，"0000-00-00"表示要转换的日期文本格式字符串形式，每个 0 都代表一个数字占位符，用于表示输出日期字符串的位置和格式。

因为 TEXT 函数的结果是文本格式，所以前面添加的两个"-"，可以将格式文本转换为数字。单元格结果就变成了整数的数字形式，然后将该单元格格式设置为"短日期"，即可得到所需的日期形式。

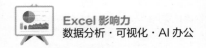

实战实例 02

在表格中，需要根据成绩判断结果，如果 90 分以上，返回“优秀”; 如果在 60 至 90 分之间，返回“合格”; 如果分数小于 60，则返回“不合格”。可以在 D2 单元格中输入以下公式:

=TEXT(C2,"[>=90] 优秀 ;[>=60] 合格 ; 不合格 ")

这里的第 2 个参数的设置方法与实例 24 的原理类似，相当于自定义格式中对形式进行定义和设置，如图 4-38 所示。

序号	姓名	成绩	判定
1	常许	53	不合格
2	苏琪	59	不合格
3	杨明剑	64	合格
4	葛珂良	89	合格
5	张三	71	合格
6	熊俊琪	96	优秀
7	杭建平	63	合格

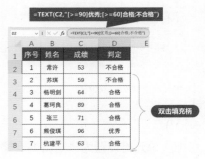

图 4-38

需要注意的是，这种方法仅仅适合三区段格式代码，如果超过三段，该方法就不适用了。

实战实例 03

还可以灵活应用 TEXT 函数实现增长或下降的判断与显示，如 C 列中是业绩表现情况，正值表示增长，负值表示下降，于是可以在 D2 单元格中输入以下公式:

=TEXT(C2," 增长 0 万元 ; 下降 0 万元 ")

结果如图 4-39 所示。

序号	姓名	业绩	判定
1	常许	-9	下降9万元
2	苏琪	-3	下降3万元
3	杨明剑	-7	下降7万元
4	葛珂良	5	增长5万元
5	张三	-7	下降7万元
6	熊俊琪	9	增长9万元
7	杭建平	-3	下降3万元

图 4-39

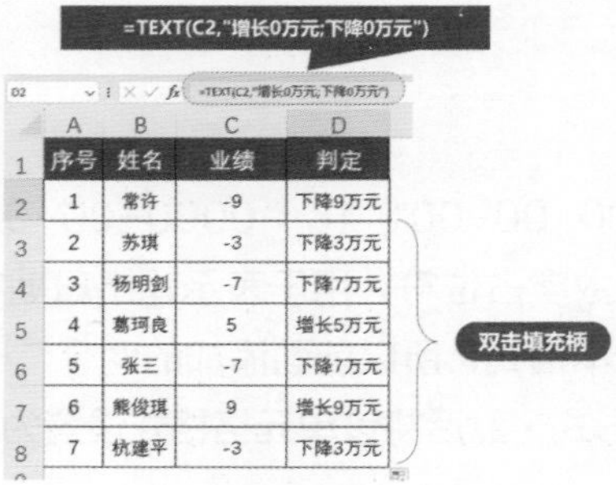

公式第 2 个参数中的"0"是占位符，会继承第 1 个参数中的数值部分（不含符号）并显示到相应位置。

实战实例 04

对于表格中位数不一的数字，可以使用 TEXT 函数实现统一位数。例如，下方表格中的 B 列编号的位数长度不一致，需要统一位数（如 4 位）后放置在 C 列中，可以在 C2 单元格中输入以下公式：

=TEXT(B2,"0000")

结果如图 4-40 所示。

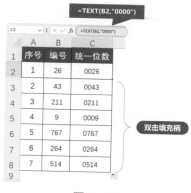

图 4-40

实战实例 05

如果需要计算加班时长取整(小时或分钟)，同样可以使用 TEXT 函数。例如，在下方表格中，B 列是规定下班时间，C 列是实际下班时间，D 列和 E 列则是按小时计算的加班时长和按分钟计算的加班时长。

在 D2 单元格中输入以下公式：

=TEXT(C2-B2,"[h] 小时 ")

在 E2 单元格中输入以下公式：

=TEXT(C2-B2,"[m] 分钟 ")

结果如图 4-41 所示。

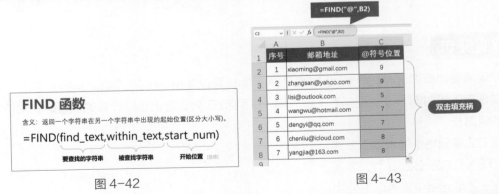

=TEXT(C2-B2,"[h]小时")　　=TEXT(C2-B2,"[m]分钟")

序号	规定下班时间	实际下班时间	加班时长（小时）	加班时长（分钟）
1	18:00	19:23	1小时	83分钟
2	18:00	20:01	2小时	121分钟
3	18:00	20:43	2小时	163分钟
4	18:00	21:09	3小时	189分钟
5	18:00	22:14	4小时	254分钟
6	18:00	20:00	2小时	120分钟
7	18:00	23:35	5小时	335分钟

双击填充柄

图 4-41

以上公式第 2 个参数中的“[h]”表示小时（取整），“[m]”表示分钟（取整）。

4.3.4 实例 73——FIND 函数：按特定内容进行分隔

在表格中经常会遇到查找特定内容或按特定内容分隔的情况，这时借助 FIND 函数就能很轻松地应对，具体函数的参数如图 4-42 所示。

例如，需要查找“@”符号的位置，就可以在 C2 单元格中输入以下公式：

=FIND("@",B2)

得到的结果是 9，也就是从左往后数第 9 个的位置就是“@”符号的位置，如图 4-43 所示。

FIND 函数
含义：返回一个字符串在另一个字符串中出现的起始位置(区分大小写)。
=FIND(find_text,within_text,start_num)
要查找的字符串
被查找字符串
开始位置
[选填]

图 4-42

=FIND("@",B2)

序号	邮箱地址	@符号位置
1	xiaoming@gmail.com	9
2	zhangsan@yahoo.com	9
3	lisi@outlook.com	5
4	wangwu@hotmail.com	7
5	dengyi@qq.com	7
6	chenliu@icloud.com	8
7	yangjia@163.com	8

双击填充柄

图 4-43

继续嵌套 LEFT 函数，将 FIND 函数的结果作为 LEFT 函数的第 2 个参数，就能实现邮箱前缀的提取。在 D2 单元格中输入以下公式：

=LEFT(B2,FIND("@",B2)−1)

结果如图 4−44 所示。

序号	邮箱地址	@符号位置	前缀
1	xiaoming@gmail.com	9	xiaoming
2	zhangsan@yahoo.com	9	zhangsan
3	lisi@outlook.com	5	lisi
4	wangwu@hotmail.com	7	wangwu
5	dengyi@qq.com	7	dengyi
6	chenliu@icloud.com	8	chenliu
7	yangjia@163.com	8	yangjia

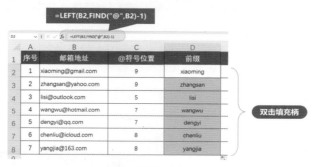

图 4−44

第 2 个参数后面“−1”是因为前缀不需要包含“@”符号，所以截取的长度少 1 位。

提取邮箱后缀时，可以在 E2 单元格中输入以下公式：

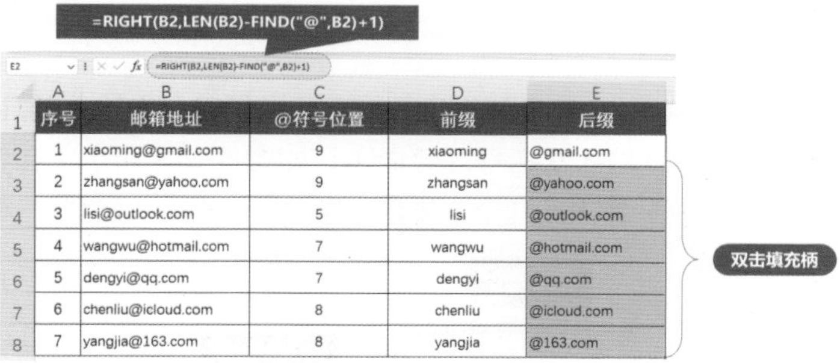

=RIGHT(B2,LEN(B2)−FIND("@",B2)+1)

结果如图 4−45 所示。

序号	邮箱地址	@符号位置	前缀	后缀
1	xiaoming@gmail.com	9	xiaoming	@gmail.com
2	zhangsan@yahoo.com	9	zhangsan	@yahoo.com
3	lisi@outlook.com	5	lisi	@outlook.com
4	wangwu@hotmail.com	7	wangwu	@hotmail.com
5	dengyi@qq.com	7	dengyi	@qq.com
6	chenliu@icloud.com	8	chenliu	@icloud.com
7	yangjia@163.com	8	yangjia	@163.com

图 4−45

公式解读

公式“LEN(B2)−FIND("@",B2)”是用整个单元格的字符长度减去“@”符号左侧的长度，得到“@”右侧的长度。然后将其作为 RIGHT 函数的第 2 个参数，从右往左截取，由于后缀需要附带“@”符号，所以需要“+1”。

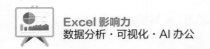
4.4 日期时间函数

4.4.1 实例 74——DATEDIF 函数：自动计算工龄

计算日期之间的差值，如计算工龄，一般都会用到 DATEDIF 函数，具体函数的含义如图 4-46 所示。

第 3 个参数的类型可根据需要选择，具体参数如图 4-47 所示。

图 4-46

图 4-47

需要说明一点，在微软 Excel 中，DATEDIF 属于隐藏函数，在输入前几个字母时，下拉函数中并不显示，需要完整输入并输入左括号才会显示，如图 4-48 所示。在金山 WPS 表格中，DATEDIF 可以与其他函数一样，输入前几个字母可以正常显示出来，如图 4-49 所示。

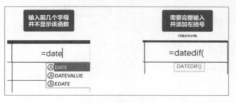

图 4-48

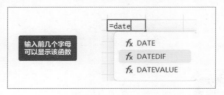

图 4-49

在下方表格中，计算员工的工龄，只需要在 D2 单元格中输入以下公式：
=DATEDIF(C2,TODAY(),"y")
然后双击 D2 单元格右下方的填充柄，结果如图 4-50 所示。

=DATEDIF(C2,TODAY(),"y")

序号	姓名	入职日期	工龄(年)
1	常许	2009年7月2日	14
2	苏琪	2001年5月3日	22
3	杨明剑	2003年12月25日	19
4	葛珂良	2008年4月19日	15
5	张三	2017年10月3日	6
6	熊俊琪	2014年4月2日	9
7	杭建平	2019年4月18日	4

双击填充柄

图 4-50

公式解读

公式：=DATEDIF(C2,TODAY(),"y") 中，TODAY 函数的作用是显示当前日期，会根据当前日期的变化而自动变化。"y" 表示整年数，需要强调的是，第 3 个参数需要加上半角状态的双引号。

4.4.2　实例 75——DATE 函数：构建标准日期

在表格中，经常会涉及日期之间的运算，如果需要将很多非标准日期转换为标准日期，就可以使用 DATE 函数，其具体参数含义如图 4-51 所示。

DATE 函数

含义：返回日期时间代码中代表日期的数字。

=DATE(year,month,day)

年　　　月　　　日

图 4-51

例如，在下方表格中，B、C、D 列分别代表年、月、日，如果需要组合起来成为一个标准日期，就可以在 E2 单元格中输入以下公式：

=DATE(B2,C2,D2)

再双击 E2 右下方的填充柄，就能批量转换为标准日期格式，结果如图 4-52 所示。

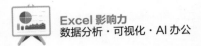

再复杂一点，可以从证件号中嵌套 MID 函数生成标准的出生日期。只需要在下方表格的 C2 单元格中输入以下公式：

=DATE(MID(B2,7,4),MID(B2,11,2),MID(B2,13,2))

然后双击右下角的填充柄，就能得到出生日期的标准日期形式，如图 4-53 所示。

图 4-52   图 4-53

4.4.3 实例 76——EDATE 函数：日期推移计算

对于日期计算，最常见的就是日期的推移，比较常见的是计算转正日期、退休日期、合同到期提醒等，都必须用到 EDATE 函数，其参数含义如图 4-54 所示。

EDATE 函数

含义：返回一串日期，指示起始日期之前/之后的月数。

=EDATE(start_date,months)

　　开始日期　　　　　月

图 4-54

1. 计算转正日期

员工入职后，一般是 3 个月试用期，那么基于入职日期，需要计算出转正日期，可以在 E2 单元格中输入以下公式：

=EDATE(C2,D2)

双击右下角的填充柄，效果如图 4-55 所示。

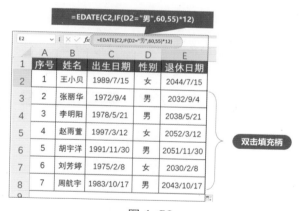

图 4-55

2. 计算退休日期

在计算退休日期时，需要结合性别进行计算，一般男性 60 岁退休，女性 55 岁退休。

可以嵌套 IF 函数判断，在下方 E2 单元格中输入以下公式：

=EDATE(C2,IF(D2=" 男 ",60,55)*12)

双击填充柄，就能得到退休日期，效果如图 4-56 所示。

图 4-56

4.5 查询匹配函数

4.5.1 实例 77——VLOOKUP 基础：匹配查找经典必备函数

在众多函数中，VLOOKUP 函数是使用频率最高的函数之一，一般用在匹配查找中，具体函

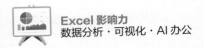
数参数的含义如图 4-57 所示。

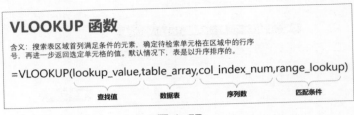

VLOOKUP 函数

含义：搜索表区域首列满足条件的元素，确定待检索单元格在区域中的行序号，再进一步返回选定单元格的值。默认情况下，表是以升序排序的。

=VLOOKUP(lookup_value,table_array,col_index_num,range_lookup)

查找值　　　数据表　　　序列数　　　匹配条件

图 4-57

其中第 4 个参数，如果是"0"（FALSE）表示"精确匹配"，如果是"1"（TRUE）表示"近似匹配"。大部分情况都是使用"0"精确匹配，只有在进行区间匹配时才用"1"（近似匹配）。

1. 实战实例

在下方表格中，需要根据工号匹配查找相应的姓名、级别和状态信息，只需要在 G2 单元格中输入以下公式：

=VLOOKUP(F2,$A$2:$D$8,2,0)

效果如图 4-58 所示。

=VLOOKUP(F2,$A$2:$D$8,2,0)

	A	B	C	D	E	F	G
1	工号	姓名	级别	状态		工号	姓名
2	A001	王小贝	初级	在岗		A005	胡宇洋
3	A002	张丽华	中级	在岗			
4	A003	李明阳	初级	出差			
5	A004	赵雨萱	中级	休假			
6	A005	胡宇洋	初级	出差			
7	A006	刘芳婷	高级	在岗			
8	A007	周航宇	高级	出差			

G2 单元格公式：=VLOOKUP(F2,$A$2:$D$8,2,0)

图 4-58

2. 公式解读

公式：=VLOOKUP(F2,$A$2:$D$8,2,0) 中，F2 是需要查找的值，A2:D8 是数据表区域，因为该区域需要锁定，可以使用快捷键 F4（如果无效，就同时按下 Fn 键）锁定，会自动添加 4

个 "$" 符号表示绝对锁定。第 3 个参数是 "2"，表示返回数据表中的第 2 列（姓名），"0" 表示精确匹配。

3. 嵌套函数应用

如果希望实现 G2 单元格往右填充时，右侧的内容自动匹配适应的话，可以搭配 COLUMN 函数。其中，G2 单元格的第 3 个参数是 2，H2、I2 单元格依次是 3、4，只是这几个数字的变化自动完成，就可以将 G2 单元格的第 3 个参数改成 COLUMN(B1)，结果也是 2；往右拖动时，H2 会自动变成 COLUMN(C1)，结果是 3；I2 会自动变成 COLUMN(D1)，结果是 4，与实际所需序列数完全匹配。

综上分析，可以将 G2 单元格的公式替换成如下公式：

=VLOOKUP($F2,$A$2:$D$8,COLUMN(B1),0)

然后拖动鼠标往右填充，会自动完成匹配相应的内容，效果如图 4-59 所示。

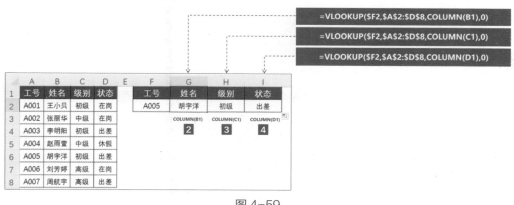

图 4-59

因为往右填充时，需要让查找值（第 1 个参数）固定列，所以 F2 中的 F 前需要添加一个 $ 符号，可以手动输入，也可以通过按下 3 次 F4 键完成列锁定。

4.5.2　实例 78——VLOOKUP 进阶：搭配通配符进行匹配查找

VLOOKUP 函数还可以搭配通配符 "*" 来使用，扩大匹配的范围，从而实现模糊匹配效果。这里的 "*" 表示任何字符或一组字符。

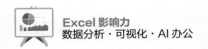

在下方表格中，A 列是企业全称，B 列是评分。如果希望通过简称匹配查找到相应的全称对应的评分，可以在 E2 单元格中输入以下公式：

=VLOOKUP("*"&D2&"*",$A$2:$B$7,2,0)

效果如图 4-60 所示。

=VLOOKUP("*"&D2&"*",$A$2:$B$7,2,0)

	A	B	C	D	E
1	企业	评分		简称	评分
2	中国平安保险集团	92		工商银行	96
3	中国工商银行	96			
4	中国建设银行	93			
5	中国移动通信集团公司	96			
6	中国人寿保险公司	94			
7	阿里巴巴集团控股有限公司	95			

图 4-60

公式解读

公式：=VLOOKUP("*"&D2&"*",$A$2:$B$7,2,0) 中，"*"是通配符，在连接 D2 单元格时，需要添加半角状态的双引号，"&"是连接符，第 1 个参数完整的含义是简称的前方或后方有字符都可以精确地匹配到，后面的参数与常用的使用规则一样。

需要注意的是，这种用法仅仅适合简称是全称的一部分，而且简称在全称中是连续的情况。

4.5.3 实例 79——区间匹配：VLOOKUP 函数的近似匹配

当 VLOOKUP 函数的第 4 个参数是"1"（TRUE）时，就能按区间来匹配结果。一般用在按区间返回特定结果的情况。

在下方表格中，D:F 列列出了成绩区间（下限和上限）及相应的判定等级，则可以此为依据，判断 A 列成绩的等级情况，只需要在 B2 单元格中输入以下公式：

=VLOOKUP(A2,$D$2:$F$5,3,1)

再双击填充柄，即可得到结果，如图 4-61 所示。

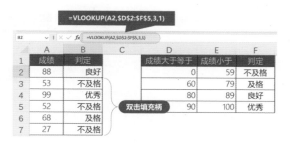

图 4-61

公式解读

公式：=VLOOKUP(A2,$D$2:$F$5,3,1) 中，第 4 个参数使用的是"1"，表示近似匹配，有两个前提：

(1) 结果对应的区间下限（上表中的 D 列）放在搜索表（数据表）区域的首列。

(2) 首列需按升序排序。

近似匹配的过程如下。

以 B2 单元格为例，公式会以 A2 单元格的值（值为 88）去 D 列中找比 A2 小的最大值，找到的结果是 80，对应的 F 列的结果是"良好"，最终返回的结果就是"良好"。

4.5.4 实例 80——INDEX+MATCH：匹配查找黄金搭档

在匹配查询函数中，INDEX 和 MATCH 函数是经典的"黄金搭档"，使用非常方便。

INDEX 函数具体含义如图 4-62 所示。

例如，在下方表格中，想知道 B2:B8 区域第 5 个单元格中的值，可以在 F2 单元格中输入以下公式：

=INDEX($B$2:$B$8,5)

可以得到结果"A005"，如图 4-63 所示。

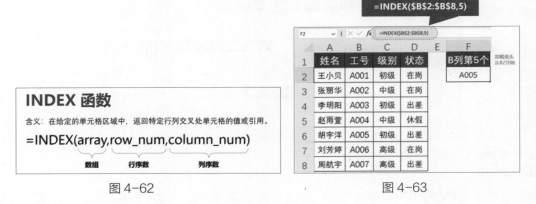

图 4-62　　　　　　　　　　　　　　图 4-63

MATCH 函数具体含义如图 4-64 所示。

例如，在下方表格中，想知道"A005"处于 B2:B8 区域的第几个单元格位置，就可以在 F2 单元格中输入以下公式：

=MATCH("A005",$B$2:$B$8,0)

得到的结果是"5"，也就是从上往下第 5 个位置，如图 4-65 所示。

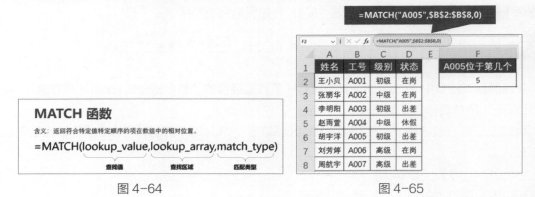

图 4-64　　　　　　　　　　　　　　图 4-65

单独看 INDEX 和 MATCH 函数，还体会不到它的厉害之处，需要两个结合在一起使用。例如一种经典用法：逆序匹配查找。

因为 VLOOKUP 函数进行匹配查找时，查找列必须位于数据表的首列，返回的结果列位于右侧，如果不满足以上条件，则 VLOOKUP 函数无法直接使用，如图 4-66 所示。

此时，就可以用 INDEX 和 MATCH 这对"黄金搭档"了。在 G2 单元格中输入以下公式：
=INDEX($A$2:$A$8,MATCH(F2,$B$2:$B$8,0))

此时就能实现逆序匹配查找，得到相应结果，然后双击填充柄，效果如图 4-67 所示。

| 图 4-66 | 图 4-67 |

公式解读

对于函数的嵌套，建议一层一层地查看。

例如，公式：=INDEX($A$2:$A$8,MATCH(F2,$B$2:$B$8,0)) 中，先看最外层的 INDEX 函数，第 1 个参数是工号的区域 A2:A8，因为是固定的区域，所以可以使用锁定区域的快捷键 F4；第 2 个参数是返回行序号，这个是来自 MATCH 函数的结果。

MATCH 函数的第 1 个参数是查找值 F2，区域为 B2:B8，同样需要锁定区域，第 3 个参数为精确匹配，所以填入 0。具体过程如图 4-68 所示。

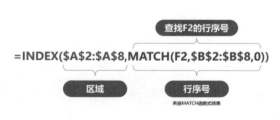

图 4-68

4.5.5　实例 81——VLOOKUP 嵌套 IF：轻松完成逆序匹配

在进行逆序匹配查找时，除了用 INDEX 和 MATCH 函数以外，还可以嵌套 IF 函数完成。

IF 函数对调两列顺序的步骤如下。

只需要将 IF 函数的第 1 个参数填写为"{1,0}",第 2 个参数为调整后的第 1 列,第 3 个参数为调整后的第 2 列,具体如图 4-69 所示(需要新版 WPS 2019 或微软 Excel 2019 以上)。

对于下方的表格,希望通过逆序匹配查找,实现通过工号查找姓名,只需要在 G2 单元格中输入以下公式:

=VLOOKUP(F2,IF({1,0},$B$2:$B$8,$A$2:$A$8),2,0)

再双击填充柄,即可得到结果,如图 4-70 所示。

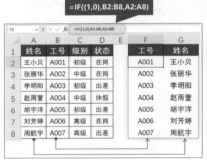

图 4-69

图 4-70

公式解读

公式: =VLOOKUP(F2,IF({1,0},$B$2:$B$8,$A$2:$A$8),2,0) 中,其实只有第 2 个参数需要重点理解,其他的参数与正常使用 VLOOKUP 是一样的。

第 2 个参数就是嵌套了 IF 函数的逆序列操作,将 B2:B8 和 A2:A8 的列的顺序对调了,并将结果返回作为 VLOOKUP 的第 2 个参数。

4.6　函数报错原因与解决

4.6.1　实例 82——常见函数报错:各种报错原因分析

在编写函数后,返回的结果经常会遇到各种报错,我们可以根据报错的提示来诊断问题并分析解决。下面针对几种比较常见的报错问题进行解析。

1. 报错 01: #NAME?（名称错误）

这种报错是在提示名称有误，于是就可以检查一下是不是函数名称写错了。单击单元格左上角的黄色感叹号，也会提示"无效名称错误"，如图 4-71 所示。

图 4-71

仔细观察就会发现 VLOOKUP 函数的"L"错写成了"1"，纠正过来即可得到正确结果，如图 4-72 所示。

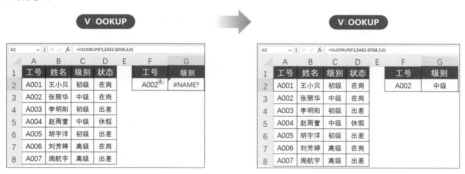

图 4-72

2. 报错 02: #N/A（不可用错误）

#N/A 的全称是"Not Available"，意为不可用。它在 Excel 中用于表示无法计算或获取所需值的情况。简单些说，就是找不到有效结果。单击左侧的黄色感叹号，就会有"值不可用"的报错提示，如图 4-73 所示。

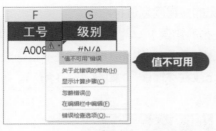

图 4-73

例如，下方的表格中，A 列最大只到"A007"，而 F2 查找值却是"A008"，在 A 列中肯定找不到有效的结果，所以会返回 #N/A 报错。只需要将 F2 单元格改成范围内的查找值就会有正确的匹配结果，如图 4-74 所示。

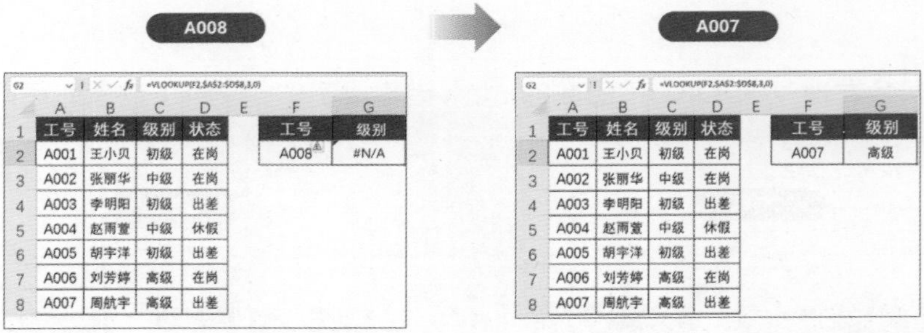

图 4-74

需要说明一点，如果查找值的格式类型不一致，也会出现 #N/A 报错。因为看起来一样的数据内容，如果格式不一样，Excel 会认为是两个不同的数据。例如，在下方表格中，左侧带 A 列是常规格式，而右侧的 F2 单元格是文本格式，也会出现 #N/A 报错，如图 4-75 所示。

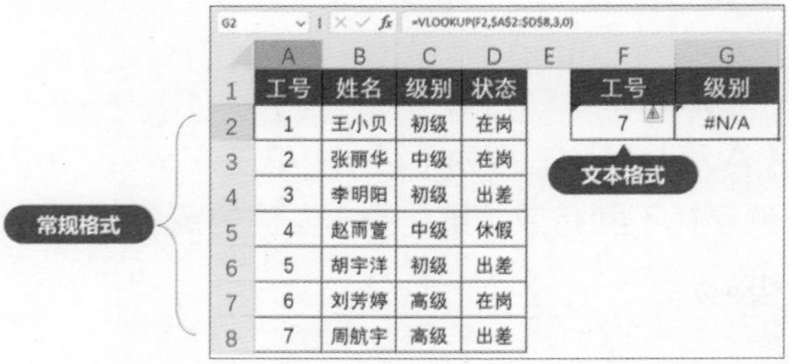

图 4-75

3. 报错 03: #VALUE!（值错误）

这个错误表示公式包含无效的数值，或者是因为对一个非数值数据类型进行了数学运算。需要检查公式，并确保所有参与计算的数值正确无误。

例如，下方表格中，G2 单元格就出现了"#VALUE!"报错，原因是第 3 个参数填写的是"0"，单击左侧的感叹号，也会提示"列索引太小"，如图 4-76 所示。

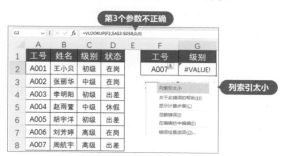

图 4-76

4. 报错 04: #REF（引用错误）

这个错误表示公式引用了一个无效的单元格范围。例如，在下方表格中，VLOOKUP 函数第 3 个参数是"5"，显然已经超出了数据表的列范围（最大只有 4）。单击左侧的黄色感叹号，会提示"无效的单元格引用"，如图 4-77 所示。

图 4-77

5. 报错 05: #DIV/0!（除以零错误）

在表格中进行除法运算时，如果除数为 0，则会出现 #DIV/0! 报错，也就做"除以零错误"。例如，在下方表格中，当 C 列中出现单元格为空（即 0）时，则在 D 列相应单元格就出现 #DIV/0! 报错，如图 4-78 所示。

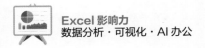
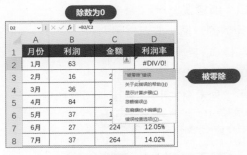

图 4-78

4.6.2　实例 83——IFERROR：屏蔽报错并显示指定内容

如果出现了函数报错，可以借助 IFERROR 函数来屏蔽报错，并使其显示为指定的内容。该函数各参数的含义如图 4-79 所示。

图 4-79

例如，在下方表格中，D 列可能会存在错误值，可以在 E2 单元格中输入以下公式：
=IFERROR(D2," 金额为空 ")
即可将错误值显示为"金额为空"的文字内容，如图 4-80 所示。

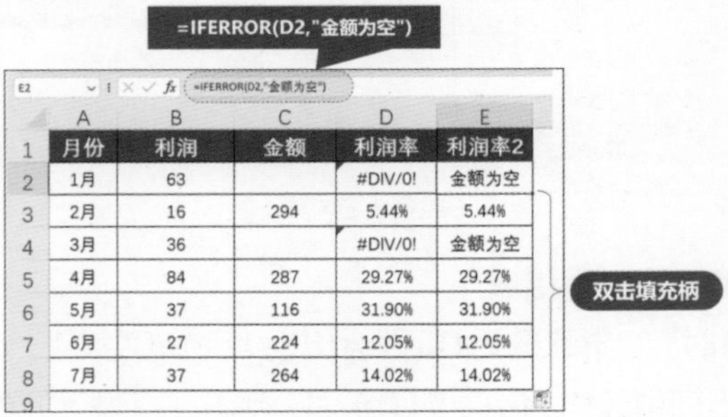

图 4-80

D 列和 E 列可以合并为一个，函数嵌套以后结果为以下公式：
=IFERROR(B2/C2," 金额为空 ")
结果显示一样。

4.6.3　实例 84——IFNA：专门解析 #N/A 错误值

IFERROR 函数是屏蔽所有错误，不能指定特定错误。如果需要屏蔽特定错误，可以用相应的函数，例如，IFNA 函数就是专门解析 #N/A 错误值的函数。具体含义如图 4-81 所示。

图 4-81

下方表格中存在 #N/A 报错，可以在 G2 单元格中输入以下公式：
=IFNA(VLOOKUP(F2,$A$2:$D$8,3,0)," 值不可用 ")
将 #N/A 错误转换成"值不可用"文字内容，如图 4-82 所示。

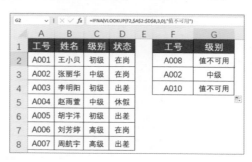

图 4-82

Chapter

05

分析篇

透视分析，原来透视表/图如此智能

针对工作中各种数据分析需求，使用数据透视表或
数据透视图能大大节省时间，而且使用成本很低，是非
常具有性价比的方法。

本章重点讲解智能表格的转换设置、数据透视表、
切片器、日程表、计算字段、数据透视图等功能，这些
方法也能为后续学习数据仪表板的制作做好铺垫和准备。

5.1　智能表格与切片器

5.1.1　实例 85——区域与表格：智能表格转换与美化

在使用 Excel 时，需要区分好"区域"和"表格"，这里说的"表格"其实是指智能表格。区域就是我们平时使用的某个（或范围）的单元格。例如，在下方表格中，数据的范围就是A1:E20，这个就是区域。

1. 区域转表格

如果想将区域转为表格，可以单击数据区域的任意单元格，然后单击"插入"→"表格"（快捷键：Ctrl+T），在弹出的"创建表"对话框中，单击"确定"按钮，将区域转为表格，如图 5-1 所示。

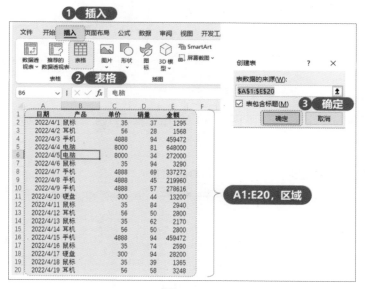

图 5-1

区域和表格的差别，第一眼会体现在视觉上，表格明显会有更强的设计感，例如，下方左侧是区域，右侧是默认状态下的表格，如图 5-2 所示。

图 5-2

单击表格中的任意单元格后，上方会显示"表设计"，单击该选项卡后，会打开表格的功能菜单按钮。这些都是"表格"特有，而普通的"区域"不具有的，如图 5-3 所示。

图 5-3

1) 表格一键换色

如果需要对表格的设计形式进行调整，可以单击"表设计"→"表格样式"，即可一键切换表格的颜色，如图 5-4 所示。

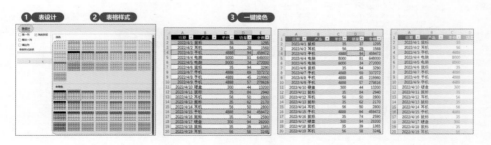

图 5-4

2) 自定义颜色

如果希望表格的颜色是自定义的颜色，如设置为标志的颜色，可以先在 PPT（Excel 中暂时没有取色器）中使用取色器（绘制形状后，单击形状中的取色器）读取标志颜色的 RGB 值，目前读取到的 RGB 值为（29,71,151），如图 5-5 所示。

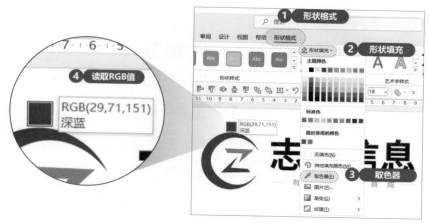

图 5-5

回到 Excel 中，依次单击"页面布局"→"颜色"→"自定义颜色"，弹出"新建主题颜色"对话框，选择"着色 1"（也可以用其他着色），单击"其他颜色"按钮，在弹出的"颜色"对话框中，输入需要自定义的颜色 RGB 值，如图 5-6 所示。

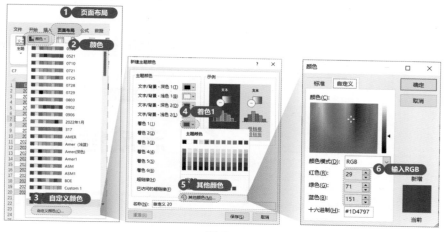

图 5-6

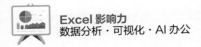

如果是 WPS 表格，可依次单击“页面”→“主题”→“颜色”→“自定义颜色”，其他的操作与微软 Excel 相同，如图 5-7 所示。

图 5-7

在“表格样式”中就能单击设置好的颜色，实现一键替换自定义颜色，如图 5-8 所示。

日期	产品	单价	销量	金额
2022/4/1	鼠标	35	37	1295
2022/4/2	耳机	56	28	1568
2022/4/3	手机	4888	94	459472
2022/4/4	电脑	8000	81	648000
2022/4/5	电脑	8000	34	272000
2022/4/6	鼠标	35	94	3290
2022/4/7	手机	4888	69	337272
2022/4/8	手机	4888	45	219960
2022/4/9	手机	4888	57	278616
2022/4/10	硬盘	300	44	13200
2022/4/11	鼠标	35	84	2940
2022/4/12	耳机	56	50	2800
2022/4/13	鼠标	35	62	2170
2022/4/14	耳机	56	50	2800
2022/4/15	手机	4888	94	459472
2022/4/16	鼠标	35	74	2590
2022/4/17	硬盘	300	94	28200
2022/4/18	鼠标	35	39	1365
2022/4/19	耳机	56	58	3248

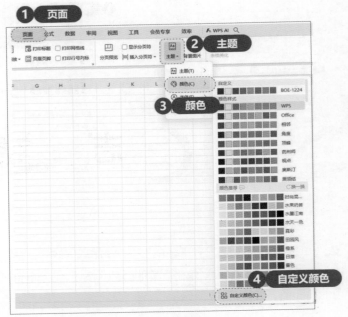

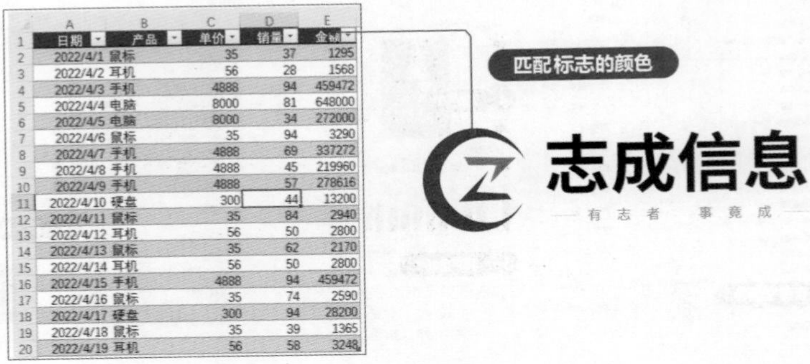

图 5-8

2. 表格转区域

表格虽然功能强大，但是会有一些限制，例如，表格中的单元格是不能合并的，选择表格中的多个单元格后，"开始"菜单下的"合并后居中"就是灰色状态，无法使用，如图 5-9 所示。

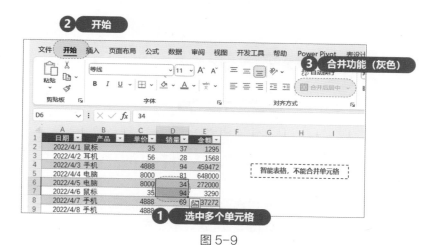

图 5-9

想将表格转为区域，可以使用鼠标单击表格中的任意单元格，再单击"表设计"→"转换为区域"，在弹出的对话框中，单击"是"按钮，即可完成转换，如图 5-10 所示。

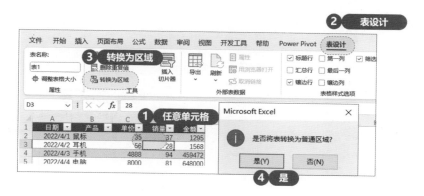

图 5-10

转换完成后，就与普通区域一样，能合并单元格了，如图 5-11 所示。

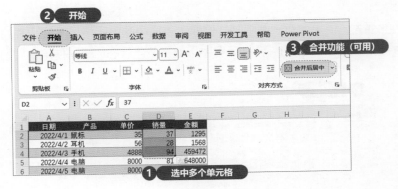

图 5-11

5.1.2 实例 86——切片器：插入切片器实现快速筛选

很多人经常需要进行筛选和切换筛选内容，如果使用常规的筛选按钮，速度比较慢，尤其是需要进行筛选内容切换时，需要反复勾选和取消勾选，不太方便，如图 5-12 所示。

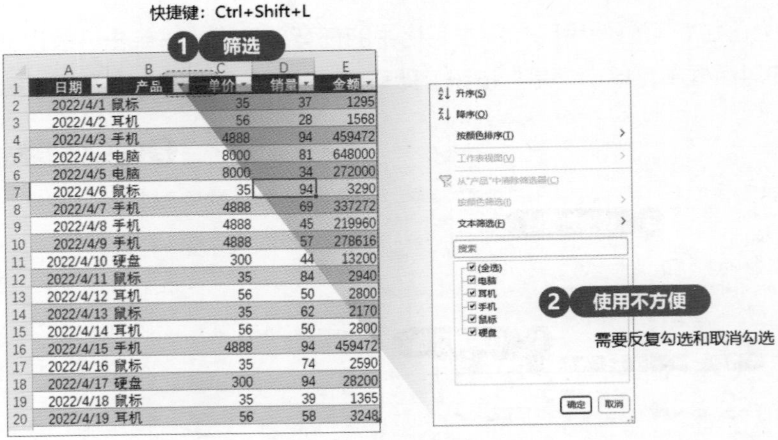

图 5-12

只需要插入切片器，就能实现筛选的快速切换，操作步骤如下。

先将区域转为智能表格（快捷键：Ctrl+T，详情见上一个实例），然后单击智能表格中的任意单元格，单击上方的"表设计"→"插入切片器"，在弹出的"插入切片器"对话框中，显示的是表格的列名（字段），勾选需要插入切片器的字段，单击"确定"按钮，如图 5-13 所示。

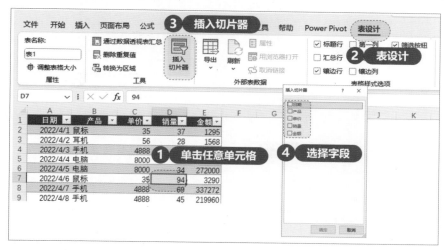

图 5-13

另外一个插入切片器（先转智能表格）的入口是单击"插入"→"切片器"（筛选器组中），如图 5-14 所示。

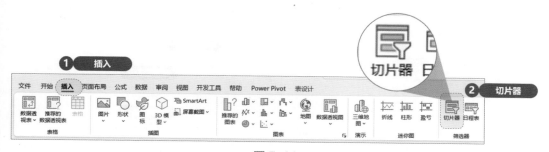

图 5-14

例如，勾选其中的"产品"，就会出现该字段下的项目，内容与通过常规筛选弹出的内容是一样的。切片器的本质就是筛选，只是操作和切换起来更方便用户使用，如图 5-15 所示。

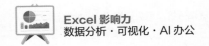

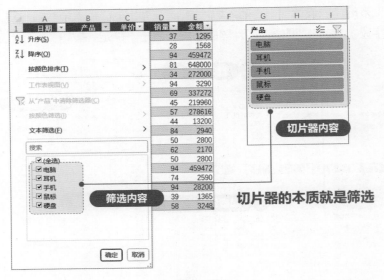

图 5-15

插入切片器以后，使用起来非常简单，单击即可在左侧的表格中进行筛选显示，如果需要多个不连续的内容，可以按住 Ctrl 键单击或勾选右上角的"多选"按钮再单击多选。如果需要多个连续的内容，则可以按住 Shift 键，单击连续内容的起始和结束，即可选择连续的内容。清除筛选，可以单击切片器右上角的"清除"按钮，如图 5-16 所示。

图 5-16

在单击切片器以后，还可以继续调整切片器的列数，操作方法为：选中切片器，再单击上方的"切片器"选项，在按钮的"列"中调整数量，切片器中的按钮就会调整为对应的列数，再继续调整切片器的大小和位置布局，如图 5-17 所示。

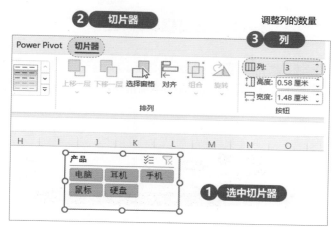

图 5-17

如果对切片器的样式不满意，可以通过"切片器"选项中的"切片器样式"进行调整。

如果需要自定义样式，还可以通过单击切片器右侧的下拉按钮，单击"新建切片器样式"，在弹出的"新建切片器样式"对话框中详细配置自定义样式，如图 5-18 所示。

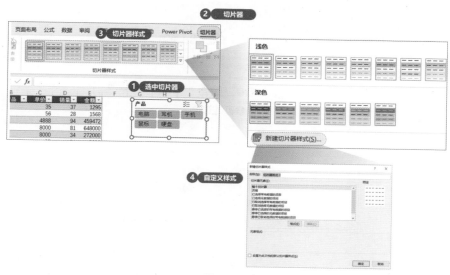

图 5-18

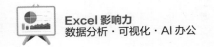

5.1.3 实例 87——日程表：插入日程表并调整

在数据透视表或数据透视图的选项中，切片器的旁边有一个"日程表"，其本质也是切片器，但它是专门针对日期的切片器。例如，在下方表格中有很多的列（字段），其中第 1 列就是"日期"，如图 5-19 所示。

日期	销售部门	销售人员	所属区域	产品名称	数量	金额	成本
2018年1月24日	三部	张明	北京	牙膏	30	¥ 3,383	¥ 3,107
2018年1月24日	四部	冯文	深圳	牙膏	75	¥ 25,031	¥ 20,580
2018年1月24日	一部	蒋婷	上海	牙膏	300	¥ 26,817	¥ 28,908
2018年1月24日	一部	赵温江	上海	睡袋	204	¥ 10,094	¥ 11,541
2018年1月24日	一部	赵温江	北京	牙膏	198	¥ 14,850	¥ 13,332
2018年1月24日	三部	静风	上海	牙膏	8	¥ 5,027	¥ 4,666

图 5-19

由这张表制作一张数据透视表，单击透视表中的任意单元格后，继续单击"数据透视表分析"→"插入日程表"，弹出"插入日程表"对话框，里面只有"日期"一个选项，勾选后单击"确定"按钮，即可得到日程表，如图 5-20 所示。

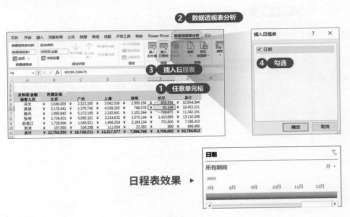

图 5-20

单击"插入"→"日程表"，也可以使用日程表，其他用法与上面相同，如图 5-21 所示。

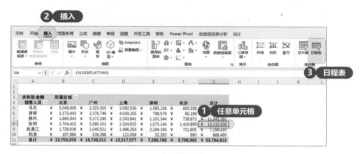

图 5-21

日程表中会将日期列中所有的日期按照一定的组分成多个按钮，单击即可选择相应的时间段，时间段的前后有滑块，可以拖动，也可以按住 Shift 键多选。

单击右上角的下拉按钮后，可以选择不同的时间级别，如目前是"月"，可以切换为年、季度、月、日 4 种方式，如图 5-22 所示。

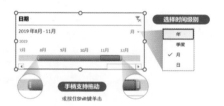

图 5-22

单击日程表，在上方会出现"时间线"选项卡，与之前讲解的"切片器"选项卡类似，只是右侧多了"显示"选项组，可以设置是否显示"标题""滚动条""选择标签"或"时间级别"，如图 5-23 所示。

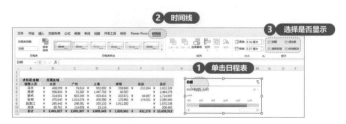

图 5-23

5.1.4 实例 88——汇总行：根据需要调整汇总行结果

在表格的常规计算中，经常需要求和等操作，如果直接写公式会存在两个问题：一是如果表格中有筛选或隐藏单元格，被隐藏部分也会参与计算，导致想计算可见部分内容的结果不正确；二是如果筛选会导致写公式的单元格位置不固定。

同时解决以上两个问题，只需智能表格的"汇总行"功能，操作方法是将普通的区域转为智能表格后，勾选"表设计"下的"汇总行"复选框，就能在智能表格的最后添加汇总行，而且汇总行的每个单元格都支持单击下拉菜单，功能涵盖常用的统计与分析，如平均值、计数、数值计数、最大值、最小值、求和、标准偏差、方差等。

汇总行始终会在智能表格的最下方，不受切片器或筛选功能的影响，如图 5-24 所示。

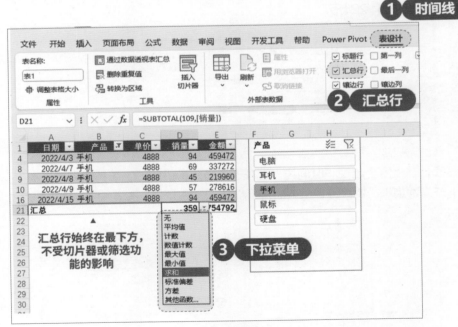

图 5-24

其实，只要将单元格放在汇总行上，如上表中的 D 列汇总行位置，就能看到编辑栏中的公式

是 "=SUBTOTAL(109,[销量])"，而 SUBTOTAL 函数是返回列表或数据库的分类汇总，可以跳过筛选或隐藏的行，对于需要进行筛选的表而言，非常方便。

下面可以验证一下，H1、K1 两个单元格分别使用 SUM 函数和 SUBTOTAL 函数，然后使用切片器对智能表格进行筛选，会发现 SUM 函数的结果没有变化，说明没有跳过筛选或隐藏的行，而 SUBTOTAL 函数的结果在变化，而且正好是可见部分的结果，如图 5-25 所示。

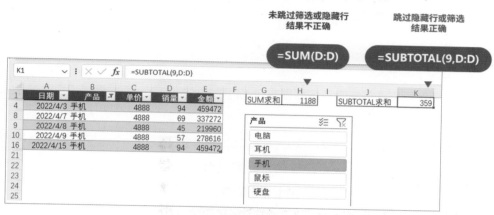

图 5-25

5.2　数据透视表制作与应用

5.2.1　实例 89——数据透视表：插入方法与应用

关于数据透视表的插入方法，先讲解几种错误的方法，大家平时需要多注意避开。

1. 全选整个表格

很多人习惯单击 A 列左侧的位置，全选整个表格，再单击"插入"→"数据透视表"，如图 5-26所示。

错误方法一

全选整个表

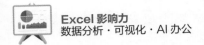

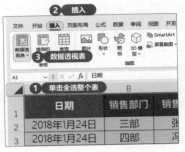

图 5-26

2. 手动选中所有列或行

有人习惯使用鼠标拖动选中所有数据行或列，再单击“插入”→“数据透视表”，如图 5-27 所示。

错误方法二

全选所有列或行

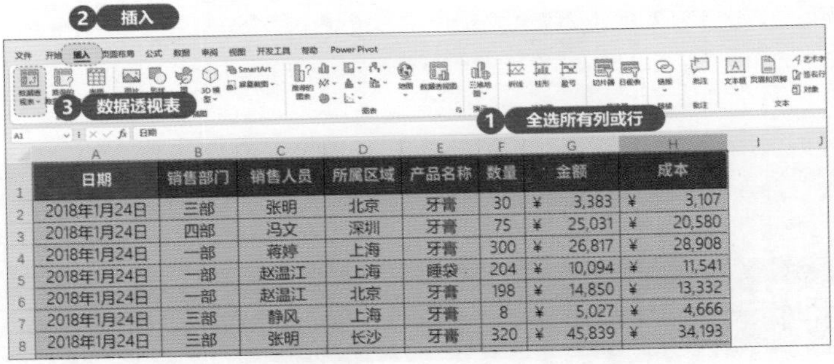

图 5-27

以上方法错误的原因都是多选了很多的空行或空列，导致后续生成的数据透视表数据冗余，对分析和处理造成不必要的麻烦。

正确的插入数据透视表的方法是，单击连续数据区域中的任意单元格，单击“插入”→“数据透视表”（单击按钮的上半部分即可），在弹出的对话框中，会发现“表 / 区域”一栏显示自动识别连续数据区域的范围（本实例是 A1:H2319）。

在下方可以选择数据透视表存放的位置，有两个选项：一个是“新工作表”，这是默认选项，会新建一个工作表，存放数据透视表；另一个是“现有工作表”，需要选择指定的存放位置，如图 5-28 所示。

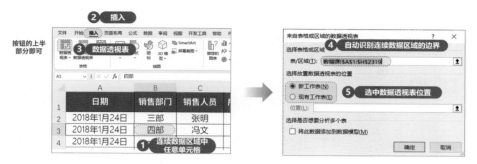

图 5-28

以选择"新工作表"为例，单击"确定"按钮后，在新建的工作表中会新建一个空白的数据透视表，右侧会出现一个"数据透视表字段"窗格，上方会有"数据透视表分析"和"设计"两个选项卡。如果右侧的"数据透视表字段"窗格没有打开，还可以通过"分析"选项卡下的"字段列表"重新打开，如图 5-29 所示。

图 5-29

对于右侧的"数据透视表字段"窗格，可以通过右侧的设置按钮（齿轮图标）选择布局方式。

除了默认的"层叠"外，还有并排、仅字段节、2×2区域节、1×4区域节几种布局方式供选择，效果如图5-30所示。

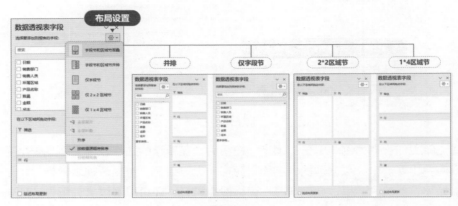

图 5-30

使用数据透视表的核心，就是"拖动"，将需要进行分析的字段从字段节分别拖动到区域节的各个区域即可。其中，字段节中的字段就是数据源中各个列的列名，而区域节分成了4个区域，分别是筛选、行、列、值，前三个用于推荐放筛选或分类字段，最后一个放计算字段（一般为数值）。

例如，将"销售人员"拖动到"行"区域，将"所属区域"拖动到"列"区域，再将"金额"拖动到"值"区域，就能得到一份数据透视表，效果如图5-31所示。

图 5-31

如果只需要生成简单的数据透视表，也可以通过单击"插入"→"推荐的数据透视表"快速插入，只要在弹出的推荐类型中选择想要的形式，单击"确定"按钮就能一键生成数据透视表，效果如图 5-32 所示。

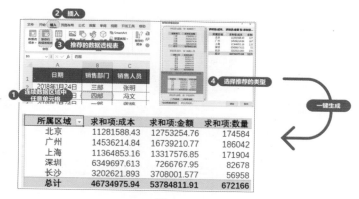

图 5-32

5.2.2　实例 90——数据联动：透视表和源数据的联动

数据透视表和数据源是可以联动的，只要数据源表中的数据进行了更新或新增，可以直接体现在数据透视表或透视图上，下面分别讲解。

1. 数据更新

例如，将数据源中的"长沙"批量替换成"武汉"，只需要在已经生成的数据透视表（或图）上右击，选择快捷菜单中的"刷新"命令即可，如图 5-33 所示。

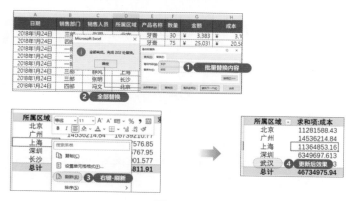

图 5-33

如果有多个数据透视表（或图），单击其中一个数据透视表依次单击"数据透视表分析"→"刷新"（下拉）→"全部刷新"，可一次性将所有关联的数据透视表（或图）批量完成更新，如图 5-34 所示。

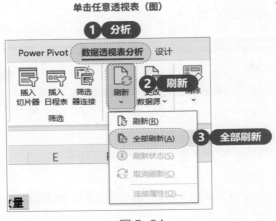

图 5-34

2. 数据新增

数据源除了更新以外，也经常会有新增。如果只是普通的区域新增了行数据，在数据透视表中关联的数据源是不会自动更新的。

例如，数据源新增了一行，从 2319 行变成了 2320 行，如图 5-35 所示。

	A	B	C	D
2314	2019年12月27日	一部	赵江	广州
2315	2019年12月29日	四部	冯文	广州
2316	2019年12月29日	一部	赵江	广州
2317	2019年12月29日	四部	冯文	广州
2318	2019年12月29日	三部	静风	广州
2319	2019年12月29日	一部	赵江	广州
2320				
2321				
2322				

2319行 ▶

新增一行 ⇒

2314	2019年12月27日	一部	赵江	广州
2315	2019年12月29日	四部	冯文	广州
2316	2019年12月29日	一部	赵江	广州
2317	2019年12月29日	四部	冯文	广州
2318	2019年12月29日	三部	静风	广州
2319	2019年12月29日	一部	赵江	广州
2320	2019年12月30日	一部	熊老师	长沙
2321				
2322				

2320行 ▶

图 5-35

但是在关联的数据透视表中，可以通过单击"数据透视表分析"→"更改数据源"，在"表/区域"文本框中可以看到其数据源范围依旧是 2319 行，并没有随着数据新增行而自动扩展范围，如图 5-36 所示。

图 5-36

解决方式很简单，只需将数据源转为智能表格即可，按快捷键 Ctrl+T，或单击"插入"→"表格"，其他步骤与上面一样，就会发现数据透视表的范围自动扩展为 2320 行，如图 5-37 所示。

图 5-37

自动扩展新增数据行，有一个小技巧，就是关注数据区域右下角的↵标志（智能表格才有，普通区域没有），它一般会根据新增的数据区域的变化而变化，从而实现新增数据行自动扩展，如图 5-38 所示。

图 5-38

5.2.3　实例 91——筛选拆分：一表拆分为多表

一个工作表中通常有多项内容，如果要将这些内容分别独立存放在一个工作表中，就需要将一表拆分为多表，而这个需求可以使用数据透视表一键完成。

例如，下方一个工作表中的 A 列存放了 1~6 月的数据，现在需要将各个月份数据拆分为独立的工作表，如图 5-39 所示。

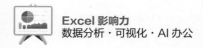

Excel 影响力
数据分析·可视化·AI 办公

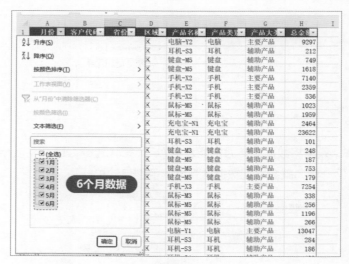

图 5-39

具体操作步骤如下。

(1) 将 A 列复制，在 A 列右侧插入一个空列，然后将 A 列数据复制过去，同时将列名修改为
月份 2，和原始列区分。

(2) 插入数据透视表：单击数据源表中的任意单元格，单击"插入"→"数据透视表"。

(3) 字段拖动：将"月份 2"拖动到"筛选"区域，其他所有字段都拖动到"行"区域中，如
图 5-40 所示。

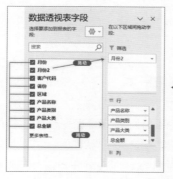

将"月份2"拖动到【筛选】区域
其他所有字段都拖动到【行】区域中

图 5-40

170

得到的数据透视表效果如图 5-41 所示（不同的计算机设置不同，可能会有差异）。

月份	客户代码	省份	区域	产品名称	产品类别	产品大类	总金额
				充电宝-N1	充电宝	辅助产品	15761
						辅助产品 汇总	
						充电宝 汇总	
					充电宝-N1 汇总		
				电脑-Y1	电脑	主要产品	13047
						主要产品 汇总	
						电脑 汇总	
					电脑-Y1 汇总		
				电脑-Y2	电脑	主要产品	16309
						主要产品 汇总	
						电脑 汇总	
					电脑-Y2 汇总		
				耳机-S1	耳机	辅助产品	76
						辅助产品 汇总	
						耳机 汇总	
					耳机-S1 汇总		
				耳机-S2	耳机	辅助产品	182
						辅助产品 汇总	
						耳机 汇总	
					耳机-S2 汇总		
				耳机-S3	耳机	辅助产品	233
						辅助产品 汇总	
						耳机 汇总	

图 5-41

（4）接下来需要继续将以上效果变成常规表格的形式。调整"设计"选项内容，分别设置为"不显示分类汇总""对行和列禁用""以表格形式显示"和"重复所有项目标签"，如图 5-42 所示。

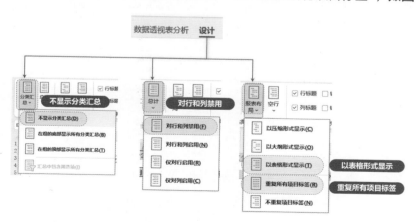

图 5-42

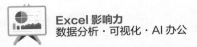

(5) 调整"布局",单击"数据透视表分析"→"选项",在弹出的"数据透视表选项"对话框中,切换到"布局和格式"选项卡,取消勾选"合并且居中排列带标签的单元格"复选框,如图 5-43 所示。

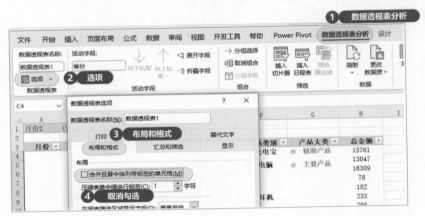

图 5-43

可以得到如图 5-44 所示的效果。

月份2	(全部)						
月份	客户代码	省份	区域	产品名称	产品类别	产品大类	总金额
1月	100012	河北省	北区	充电宝-N1	充电宝	辅助产品	15761
1月	100012	河北省	北区	电脑-Y1	电脑	主要产品	13047
1月	100012	河北省	北区	电脑-Y2	电脑	主要产品	16309
1月	100012	河北省	北区	耳机-S1	耳机	辅助产品	76
1月	100012	河北省	北区	耳机-S2	耳机	辅助产品	182
1月	100012	河北省	北区	耳机-S3	耳机	辅助产品	233
1月	100012	河北省	北区	耳机-S4	耳机	辅助产品	266
1月	100012	河北省	北区	耳机-S4	耳机	辅助产品	292
1月	100012	河北省	北区	键盘-M2	键盘	辅助产品	276
1月	100012	河北省	北区	键盘-M3	键盘	辅助产品	318
1月	100012	河北省	北区	键盘-M3	键盘	辅助产品	442
1月	100012	河北省	北区	键盘-M4	键盘	辅助产品	600
1月	100012	河北省	北区	手机-X1	手机	主要产品	5045
1月	100012	河北省	北区	手机-X2	手机	主要产品	12615
1月	100012	河北省	北区	手机-X3	手机	主要产品	14803

图 5-44

与常规的表格形式比较接近了,如果不需要按钮,可以通过"数据透视表分析"→"+/- 按钮"关闭,如图 5-45 所示。

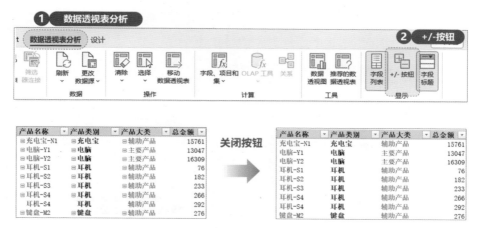

图 5-45

（6）按筛选拆分多表，单击数据透视表，依次单击"数据透视表分析"→"选项"→"显示报表筛选页"，在弹出的"显示报表筛选页"对话框中确认好筛选页字段后，单击"确定"按钮，如图 5-46 所示。

图 5-46

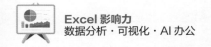

此时就能将 1~6 月的数据分别拆分到不同的工作表中，效果如图 5-47 所示。

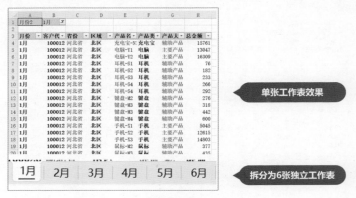

图 5-47

拆分后的表还是数据透视表，如果想转为普通的区域，可以按住 Shift 键，选中"1 月"和"6月"，就能将 1~6 月 6 张工作表批量选中（此时对一张表进行操作，会对所有表生效），然后单击 A 列左侧的按钮选中整个表，进行复制（快捷键：Ctrl+C），然后继续右击，选择快捷菜单中的粘贴为"值"，就能实现数据透视表转为普通区域，如图 5-48 所示。

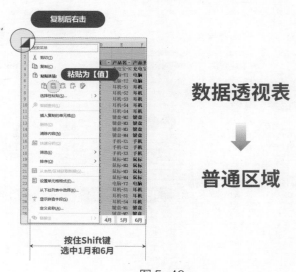

图 5-48

　　如果不需要最上方的筛选行，可以选中前 2 行并右击，选择快捷菜单中的"删除"命令，将其删除，因为批量选中了 1~6 月的工作表，所以删除操作会在其他工作表同步生效，如图 5-49 所示。

图 5-49

　　这里的第一步是将 A 列复制一次，是因为使用了"显示报表筛选页"会"消耗"掉一个字段，为了保持原表的完整性，所以将 A 列复制一次，拖动到"筛选"区域中。在实际工作中，可以结合需要按哪个字段拆分，就将哪个字段复制一次，拖动到"筛选"区域即可。

5.2.4　实例 92——分组显示：将行或列进行编组

　　对于生成的数据透视表，可以按行或列进行分组。比较常见的分组包括日期分组、文本分组、数字分组，下面分别详细介绍。

1. 日期分组

　　日期分组是比较常见的分组方式，如果将日期字段拖动到"行"区域，日期可能是分散的，也可能是自行编组的状态，我们可以按照自己的需求选择是编组还是取消编组，一共有两种方式启用：方式一是在日期上右击，选择快捷菜单中的"组合"和"取消组合"命令，方式二是单击上方的"数据透视表分析"→"分组选择"和"取消组合"，这两种方式都会打开"组合"对话框，如图 5-50 所示。

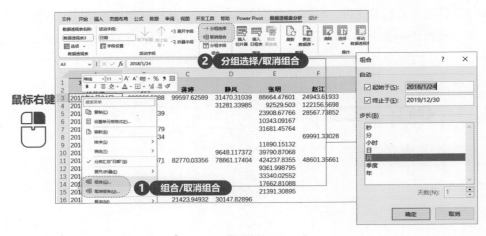

图 5-50

例如，需要按"季度"和"月份"编组，可以在"组合"对话框中单击"月"和"季度"高亮，单击"确定"按钮后，则数据透视表的行就按照季度和月份进行重新编组，效果如图 5-51 所示。

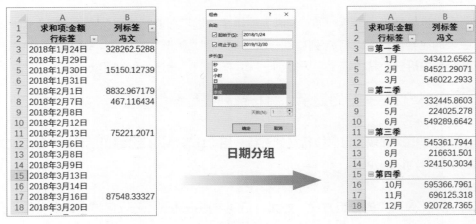

图 5-51

在"步长"列表框中有一个比较特殊的选项，那就是"日"，当单独选择"日"时，右下方的"天数"就由灰色变成可以输入的形式，如输入 15，会将日期按 15 天 1 个小组进行分组，同时，起始日期和终止日期也可以自行设置，默认是根据实际的起始和终止自动设置，如图 5-52 所示。

图 5-52

单击"确定"按钮后，得到如图 5-53 所示的效果。

按15天分组

图 5-53

2. 文本分组

对于文本的分组，在行或列中均可进行，方法和步骤是类似的，这里以列为例进行讲解。例如，下方的数据透视表中一共有 6 位员工，我们将其按照 2 人一组分组为"第 1 组""第 2 组""第 3 组"。首先，选择列中的前两个员工姓名，然后单击"分组选择"，如图 5-54 所示。

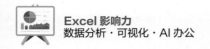

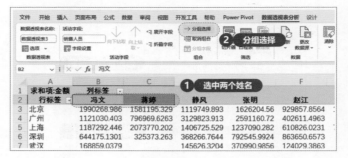

图 5-54

此时上方就会多出一行，用于存放分组后的组名，默认是"数据组 1"，手动修改名称即可，如修改为"第 1 组"。在分组之后，会自动添加"分类汇总"，可通过单击"设计"→"分类汇总"→"不显示分类汇总"关闭，如图 5-55 所示。

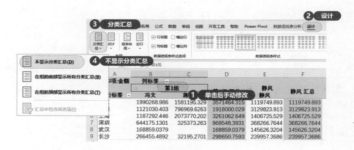

图 5-55

后面的两个小组方法也是一样，即可完成文本分组，效果如图 5-56 所示。

	A	B	C	D	E	F	G
			文本分组效果				
1	求和项:金额	列标签					
2		第1组		第2组		第3组	
3	行标签	冯文	蒋婷	静风	张明	赵江	郑浪
4	北京	1990268.986	1581195.329	1119749.893	1626204.56	929857.8564	115616.3306
5	广州	1121030.403	796969.6263	3129823.913	2591160.72	402611.4963	170975.875
6	上海	1187292.446	2073770.202	1406725.529	1237090.282	610826.0231	71494.27076
7	深圳	644175.1301	325373.263	368266.7644	792545.9924	863650.6573	10953.8101
8	武汉	168859.0379		145626.3204	370990.9856	124029.3863	
9	长沙	266455.4892	32195.2701	239957.3686	248474.2083	364608.4666	445.0959

图 5-56

3. 数字分组

如果拖动到行区域的不是文本而是数字，可以对数字进行分组，步骤和日期的分组有些类似，可以右击或通过单击"数据透视表分析"→"分组选择"，在弹出的"组合"对话框中，选择起始、终止数字及步长，如图 5-57 所示。

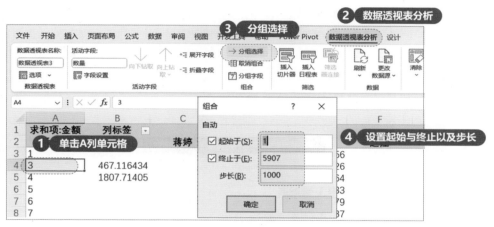

图 5-57

单击"确定"按钮后，就能看到按指定的要求分组后的效果，如图 5-58 所示。

按1000分组

图 5-58

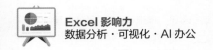
5.2.5 实例 93——条件求和：数据透视表一键搞定

通过前面内容的学习，可体会到函数功能非常强大，但是有时使用数据透视表会更简单、更强大。

下面就以单条件求和、多条件求和为例，来说明函数法和数据透视表法的区别，感受数据透视表的强大功能。

1. 单条件求和

如果使用公式完成单条件求和，需要使用 SUMIF 函数，在 B4 单元格中输入以下公式：

=SUMIF(数据源 !D:D, 单条件求和 !A4, 数据源 !F:F)

结果如图 5-59 所示。

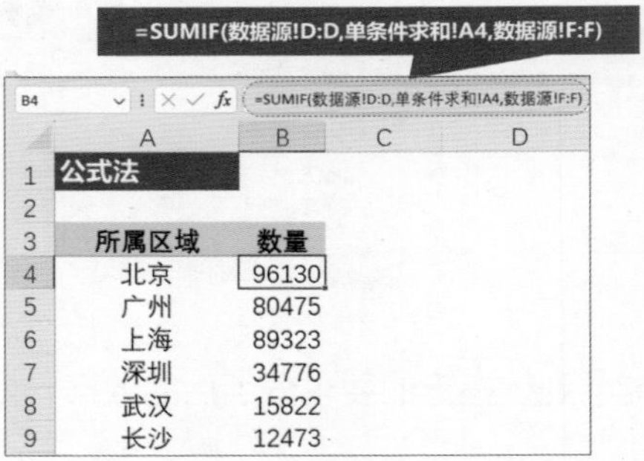

图 5-59

使用数据透视表制作就非常简单，直接将"所属区域"拖动到"行"区域，再将"数量"拖动到"值"区域，就能得到一样的结果，如图 5-60 所示。

图 5-60

2. 多条件求和

使用公式进行多条件求和，需要用到的函数是 SUMIFS，在 C4 单元格中输入以下公式：
=SUMIFS(数据源 !F:F, 数据源 !B:B, 多条件求和 !A4, 数据源 !D:D, 多条件求和 !B4)
完成后结果如图 5-61 所示。

销售部门	所属区域	数量
一部	北京	37377
一部	广州	20959
一部	上海	43032
一部	深圳	14613
一部	武汉	9200
一部	长沙	6766
二部	北京	1420
二部	广州	9982
二部	上海	18390

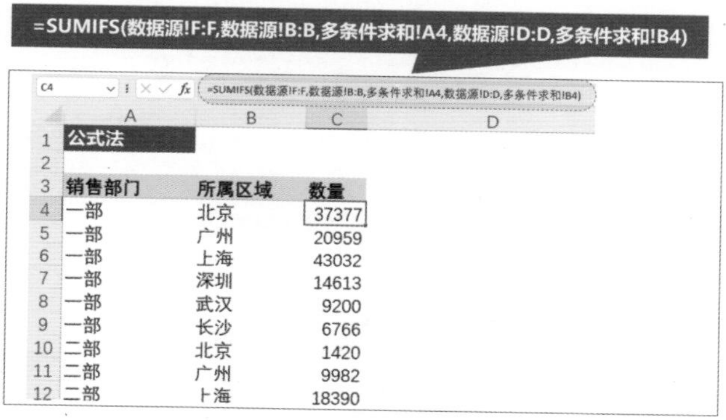

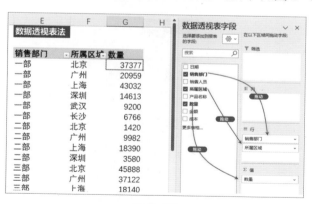

图 5-61

使用数据透视表就更加简单一些，只需要将“销售部门”和“所属区域”拖动到“行”区域，将“数量”拖动到“值”区域，就能一键生成多条件求和的结果，如图 5-62 所示。

销售部门	所属区域	数量
一部	北京	37377
一部	广州	20959
一部	上海	43032
一部	深圳	14613
一部	武汉	9200
一部	长沙	6766
二部	北京	1420
二部	广州	9982
二部	上海	18390
二部	深圳	3580
三部	北京	45888
三部	广州	37122
三部	上海	18140

图 5-62

通过以上公式法和数据透视表法的对比，可发现数据透视表比较常规的公式法更方便、简洁，学习成本更低，推荐优先使用。

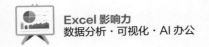

5.2.6　实例 94——字段名重名：如果提示字段名已存在怎么办

当将字段拖动到数据透视表的"值"区域后，会在新列名中新增"求和项："的文字，如果手动删除，会出现弹窗提醒：已有相同数据透视表字段名存在，如图 5-63 所示。

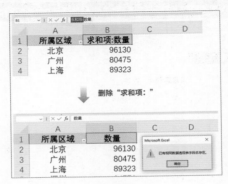

图 5-63

一般建议将新的字段设置为其他名称，如果实在需要使用相同的字段名，可以在新字段的文字前或后补上一个空格即可（加上了空格后，会认为是不同的字段内容），如图 5-64 所示。

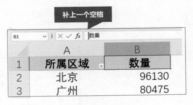

图 5-64

5.2.7　实例 95——条件计数：数据透视表一键统计

与条件求和类似，条件计数的使用频次也非常高，如果使用常规的函数，需要使用 COUNTIF 或 COUNTIFS。

这里以 COUNTIF 函数为例，需要统计各个人员出现的次数，可以在 B4 单元格中输入以下公式：

=COUNTIF(数据源 !C:C, 条件计数 !A4)

效果如图 5-65 所示。

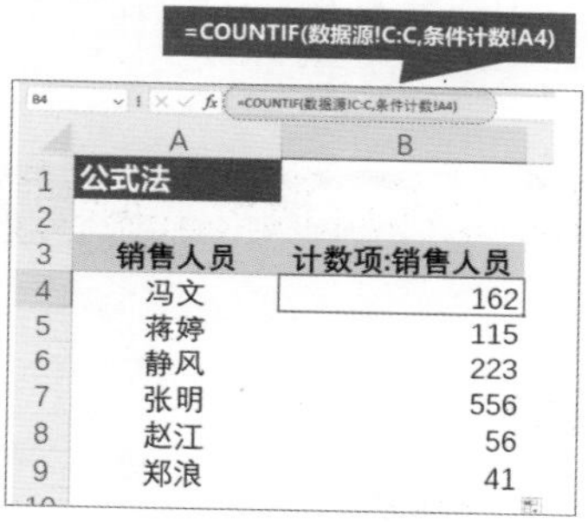

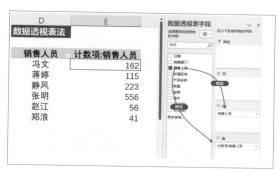

图 5-65

而使用数据透视表，只需要将"销售人员"分别拖动到"行"区域和"值"区域（各拖动一次），也能得到一样的效果，如图 5-66 所示。

图 5-66

需要说明一点，如果拖入"值"区域的是文本类型时，会自动变成"计数"；如果是数值类型，则会自动变成"求和"。

5.2.8　实例 96——不重复个数：数据透视表轻松搞定

统计不重复个数，是工作中比较常见的需求，如果按照常规的公式函数完成，难度比较大，且操作起来不是很方便，而使用数据透视表就能轻松搞定。

1. 常规公式法

例如，需要统计不同部门不重复的人员人数，如果使用公式法，在 B4 单元格中输入以下公式：
=COUNTA(UNIQUE(FILTER(数据源 !C:C, 数据源 !B:B= 统计不重复个数 !A4)))
此时得到不同部门不重复人员的数量，效果如图 5-67 所示。

=COUNTA(UNIQUE(FILTER(数据源!C:C,数据源!B:B=统计不重复个数!A4)))

	销售人员	不重复人数
4	一部	2
5	二部	1
6	三部	2
7	四部	1
8	**总计**	**6**

图 5-67

如果希望看到每个部门具体是哪些人员，可以在旁边的单元格中输入以下公式：
=TEXTJOIN(",",TRUE,UNIQUE(FILTER(数据源 !C:C, 数据源 !B:B= 统计不重复个数 !A4)))

效果如图 5-68 所示。

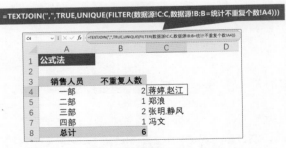

=TEXTJOIN(",",TRUE,UNIQUE(FILTER(数据源!C:C,数据源!B:B=统计不重复个数!A4)))

	销售人员	不重复人数	
4	一部	2	蒋婷,赵江
5	二部	1	郑浪
6	三部	2	张明,静风
7	四部	1	冯文
8	**总计**	**6**	

图 5-68

2. 数据透视表法

使用公式法时，会发现公式比较长，而且理解有一定的难度，需要有一定的基础，而采用数据透视表法就变得非常简单了。

　　将数据源转为数据透视表时，需要勾选"将此数据添加到数据模型"复选框（这一步非常重要，仅在微软 Excel 2013 以上版本存在，WPS 表格暂时没有），单击"确定"按钮，如图 5-69 所示。

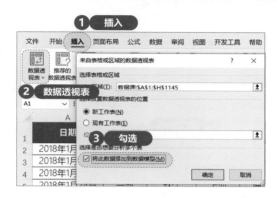

图 5-69

　　与常规的数据透视表的区别在于，添加到数据模型的"数据透视表字段"窗格中，上方会多出一个表的图标和文字，这个是很显著的区分标志，如图 5-70 所示。

图 5-70

　　将"销售部门"拖动到"行"区域，将"销售人员"拖动到"值"区域。在生成的销售人员列中右击，选择快捷菜单中的"值汇总依据"→"非重复计数"命令，就能查看不同部门的非重复计数的人数情况，效果如图 5-71 所示。

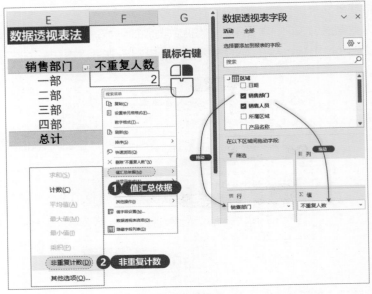

图 5-71

如果希望看到每个的详情，可以直接双击，即可新建一个工作表存放相关的详细信息，如图 5-72 所示。

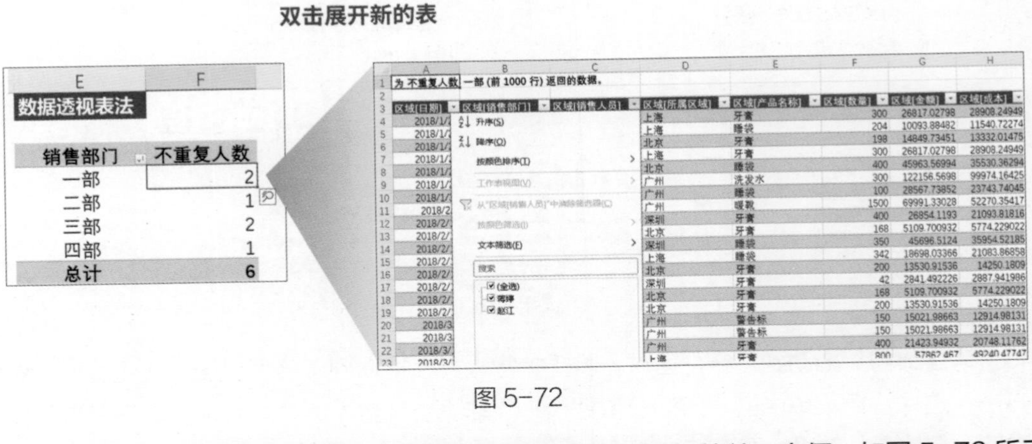

双击展开新的表

图 5-72

以上两种方法的结果是一样的，明显使用数据透视表会更加简单、方便，如图 5-73 所示。

	公式法			数据透视表法	
	销售人员	不重复人数		销售部门	不重复人数
	一部	2		一部	2
	二部	1		二部	1
	三部	2		三部	2
	四部	1		四部	1
	总计	6		总计	6

图 5-73

5.2.9 实例 97——显示最值：一键计算最大值和最小值

1. 常规公式法

在表格中计算最大值和最小值，可以使用 MAX 和 MIN 搭配 IF 函数完成，具体可以分别在 B4 单元格和 C4 单元格中分别输入以下公式：

最大值：=MAX(IF(数据源 !B:B= 最值 !A4, 数据源 !F:F))

最小值：=MIN(IF(数据源 !B:B= 最值 !A4, 数据源 !F:F))

完成后效果如图 5-74 所示。

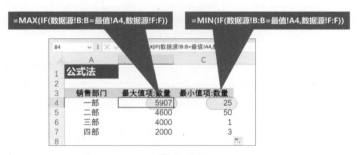

图 5-74

2. 数据透视表法

将数值类型字段拖动到"值"区域，默认都是求和，如果需要计算最大值和最小值，就可以将"数量"字段拖动两次到"值"区域，在新增的两列分别右击，选择快捷菜单中的"值汇总依据"→"最大值"和"最小值"命令，如图 5-75 所示。

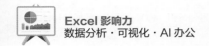

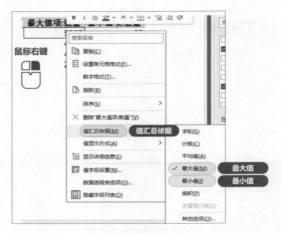

图 5-75

在"值汇总依据"菜单中除了最值以外，还有计数、乘积等选项可供选择。

通过以上对比可知，同样的效果，使用数据透视表的方法更加简便、高效。

5.2.10 实例 98——设置单元格格式：数据透视表的单元格设置

与普通的区域单元格格式设置类似，数据透视表的单元格也是支持设置格式的，而且操作更加方便，不需要全部选中所有的单元格，只需要在数据透视表某列中的单元格右击，选择快捷菜单中的"数字格式"命令，选择需要的格式确定后，整列都可以生效。

例如，在 B 列数据单元格右击，选择快捷菜单中的"数字格式"命令，弹出"设置单元格格式"对话框，选择"会计专用"选项，单击"确定"按钮后，整列都会变成会计专用的形式，效果如图 5-76 所示。

图 5-76

设置格式前后对比效果如图 5-77 所示。

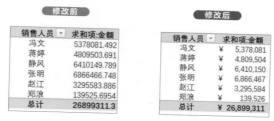

图 5-77

5.2.11 实例 99——计算环比：数据透视表计算环比

以时间为维度，经常需要进行环比的计算。下面用公式法和数据透视表法分别完成，可以对照学习。

1. 公式法

月度环比的计算是：（本月 - 上月）/ 上月 *100%，目的是用于评估各个月份的涨跌情况，可以在 C5 单元格中输入以下公式：

=(B5-B4)/B4*100%

双击填充柄，效果如图 5-78 所示。

图 5-78

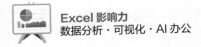

2. 数据透视表法

使用数据透视表完成，就非常简单。首先将"日期"拖动到"行"区域，并按照"月"进行分组，具体分组方法可以参考前面的实例讲解（实例92）；将"金额"字段拖动两次到"值"区域，在第2个金额列的位置右击，选择快捷菜单中的"值显示方式"→"差异百分比"命令，在弹出的对话框中，"基本字段"保持默认的"月（日期）"，将"基本项"设置为"上一个"，如图5-79所示。

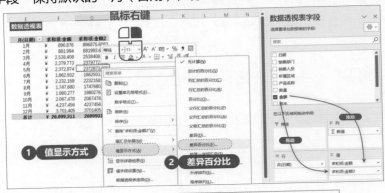

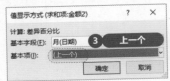

图 5-79

单击"确定"按钮后，就能得到环比的结果，与公式法的结果一样，相比而言，数据透视表法更简便一些，如图5-80所示。

公式法				数据透视表		
月(日期)	求和项·金额	环比		月(日期)	求和项·金额	求和项·金额2
1月	¥ 896.876			1月	¥ 896.876	
2月	¥ 881.994	-1.66%		2月	¥ 881.994	-1.66%
3月	¥ 2,538.408	187.80%		3月	¥ 2,538.408	187.80%
4月	¥ 2,379.773	-6.25%		4月	¥ 2,379.773	-6.25%
5月	¥ 2,372.874	-0.29%		5月	¥ 2,372.874	-0.29%
6月	¥ 1,862.932	-21.49%		6月	¥ 1,862.932	-21.49%
7月	¥ 2,232.159	19.82%		7月	¥ 2,232.159	19.82%
8月	¥ 1,747.680	-21.70%		8月	¥ 1,747.680	-21.70%
9月	¥ 1,980.277	13.31%		9月	¥ 1,980.277	13.31%
10月	¥ 2,067.478	4.40%		10月	¥ 2,067.478	4.40%
11月	¥ 4,237.456	104.96%		11月	¥ 4,237.456	104.96%
12月	¥ 3,701.405	-12.65%		12月	¥ 3,701.405	-12.65%
总计	¥ 26,899.311			总计	¥ 26,899.311	

图 5-80

5.2.12　实例 100——计算排名：数据透视表计算排名

排名的计算处理可以使用函数公式完成，还可以使用数据透视表来完成，分别进行对照学习。

1. 公式法

数值排名如果使用公式函数完成，则需要使用 RANK 函数，在 C4 单元格中输入以下公式：

=RANK.AVG(B4,$B$4:$B$15,0)

双击填充柄完成填充，效果如图 5-81 所示。

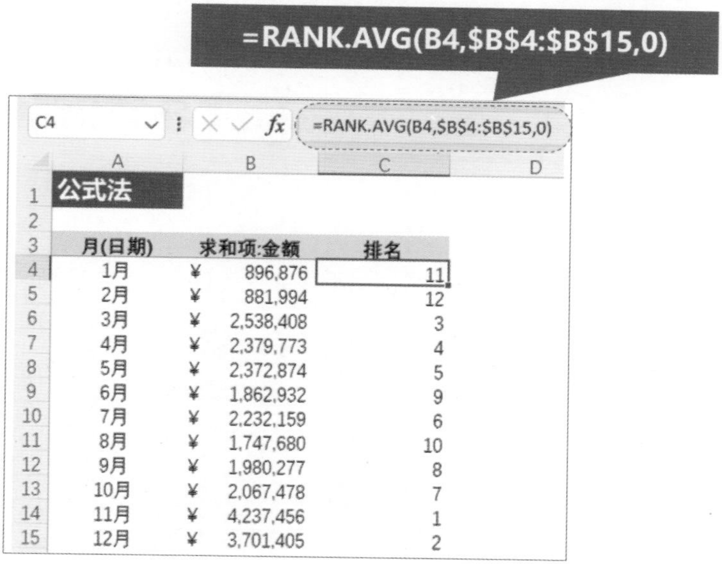

月(日期)	求和项:金额	排名
1月	¥ 896,876	11
2月	¥ 881,994	12
3月	¥ 2,538,408	3
4月	¥ 2,379,773	4
5月	¥ 2,372,874	5
6月	¥ 1,862,932	9
7月	¥ 2,232,159	6
8月	¥ 1,747,680	10
9月	¥ 1,980,277	8
10月	¥ 2,067,478	7
11月	¥ 4,237,456	1
12月	¥ 3,701,405	2

图 5-81

2. 数据透视表法

在第 3 列的“金额”列右击，在快捷菜单中选择“值显示方式”→“降序排列”命令即可，需要说明的是，这里的“降序排列”和“数据”选项卡下的“降序排序”不太一样，这里的排列就是排名的意思，如图 5-82 所示。

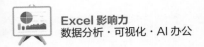

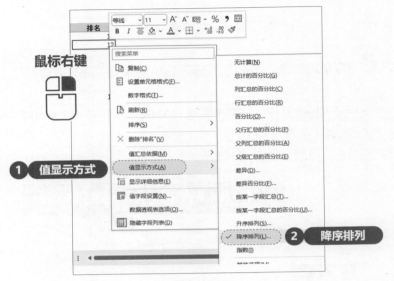

图 5-82

两种方法完成的效果是一样的，而使用数据透视表会更简便一些，如图 5-83 所示。

图 5-83

5.2.13 实例 101——排序问题：数据透视表排序问题解决

在生成数据透视表后，有时出现的顺序并不符合我们的要求，例如，下方表格中月份的排序不对，以及部门的排序也不整齐，需要重新调整排序，如图 5-84 所示。下面介绍两种调整顺序的方法。

图 5-84

1. 自定义序列排序法

这种方法是将指定的排序内置到软件的序列库中，具体可以参考实例 53。将"1 月、2 月……12 月"内置到序列库中，然后继续在月份列右击，选择快捷菜单中的"排序"→"升序"命令，即可看到正确的排序，效果如图 5-85 所示。

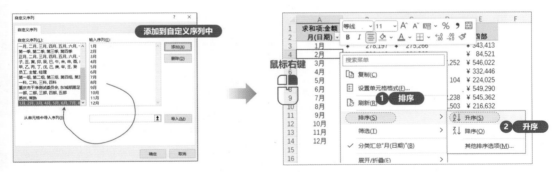

图 5-85

2. 鼠标拖动法

如果需要调整排序的数量比较少，可以直接使用鼠标拖动（不用按任何键）。例如，这里的"三部"需要调整到正确的位置，可以单击"三部"后，使用鼠标悬停在单元格的边界上，当光标变成 ✛ 形状后，将鼠标直接拖动到"二部"的后面，就能得到正确的排序，效果如图 5-86 所示。

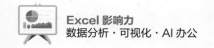
Excel 影响力
数据分析·可视化·AI 办公

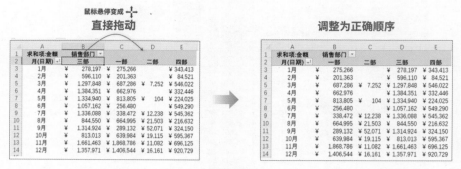

图 5-86

5.2.14 实例 102——计算字段：数据透视表新增字段

平时写函数公式时都是在右侧列编辑，而在数据透视表中就不方便按传统的方式编辑公式。例如，现在使用数据透视表生成了"金额"和"成本"列，如果在右侧写公式得到"利润"列，但是新列和数据透视表并没有连成一体，是分开的，如图 5-87 所示。

	A	B	C	D
	D2		fx =B2-C2	
1	月(日期)	求和项:金额	求和项:成本	利润
2	1月	¥ 896,876	¥ 712,501	¥ 184,375
3	2月	¥ 881,994	¥ 746,991	¥ 135,003
4	3月	¥ 2,538,408	¥ 2,184,893	¥ 353,515
5	4月	¥ 2,379,773	¥ 2,212,762	¥ 167,011
6	5月	¥ 2,372,874	¥ 2,046,789	¥ 326,085
7	6月	¥ 1,862,932	¥ 1,712,934	¥ 149,998
8	7月	¥ 2,232,159	¥ 1,954,494	¥ 277,665
9	8月	¥ 1,747,680	¥ 1,540,278	¥ 207,402
10	9月	¥ 1,980,277	¥ 1,737,204	¥ 243,072
11	10月	¥ 2,067,478	¥ 1,681,055	¥ 386,423
12	11月	¥ 4,237,456	¥ 3,709,165	¥ 528,291
13	12月	¥ 3,701,405	¥ 3,213,227	¥ 488,179

使用公式，和数据透视表并没有连成一体

图 5-87

要想连成一个整体，就需要使用"数据透视表分析"中的"计算字段"功能。

操作步骤：单击数据透视表中的任意单元格，单击"数据透视表分析"→"字段、项目和集"→"计算字段"，在弹出的"插入计算字段"对话框中，设置字段的名称及公式，公式下方有可用的字段列表，双击即可调用到公式中，如图 5-88 所示。

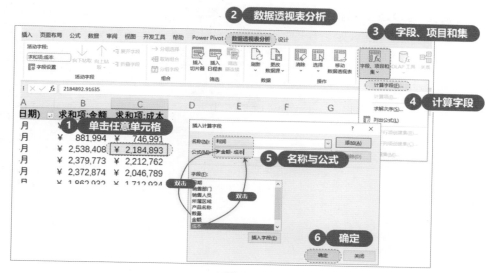

图 5-88

单击"确定"按钮，即可得到新列"利润"，与原数据透视表连为一个整体，并会继承前面的格式类型，效果如图 5-89 所示。

	A	B	C	D
1	月(日期)	求和项:金额	求和项:成本	求和项:利润
2	1月	¥　896,876	¥　712,501	¥　184,375
3	2月	¥　881,994	¥　746,991	¥　135,003
4	3月	¥ 2,538,408	¥ 2,184,893	¥　353,515
5	4月	¥ 2,379,773	¥ 2,212,762	¥　167,011
6	5月	¥ 2,372,874	¥ 2,046,789	¥　326,085
7	6月	¥ 1,862,932	¥ 1,712,934	¥　149,998
8	7月	¥ 2,232,159	¥ 1,954,494	¥　277,665
9	8月	¥ 1,747,680	¥ 1,540,278	¥　207,402
10	9月	¥ 1,980,277	¥ 1,737,204	¥　243,072
11	10月	¥ 2,067,478	¥ 1,681,055	¥　386,423
12	11月	¥ 4,237,456	¥ 3,709,165	¥　528,291
13	12月	¥ 3,701,405	¥ 3,213,227	¥　488,179

图 5-89

新列可以继续作为后续计算字段的可用字段，如刚刚生成的"利润"列，在后续制作"利润率"列时，就能双击调用了，如图 5-90 所示。如果编辑完成后，需要对"计算字段"的名

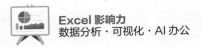

称和公式进行调整，可以通过同样的路径进入"插入计算字段"对话框后，单击"名称"下拉按钮，找到自定义的字段并重新调整，如图 5-91 所示。

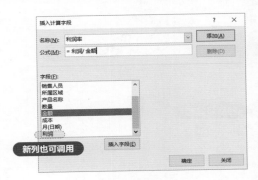

图 5-90

图 5-91

5.2.15 实例 103——计算项：对字段内的内容进行计算

首先需要明确"字段"是列，而"项"是"字段"的内容，所以"字段"的范围大于"项"，如图 5-92 所示。

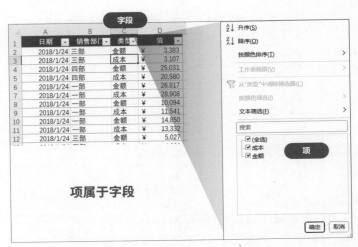

图 5-92

当将"类型"字段拖动到"列"区域时，会自动将"项"拆分成多列，如图 5-93 所示。

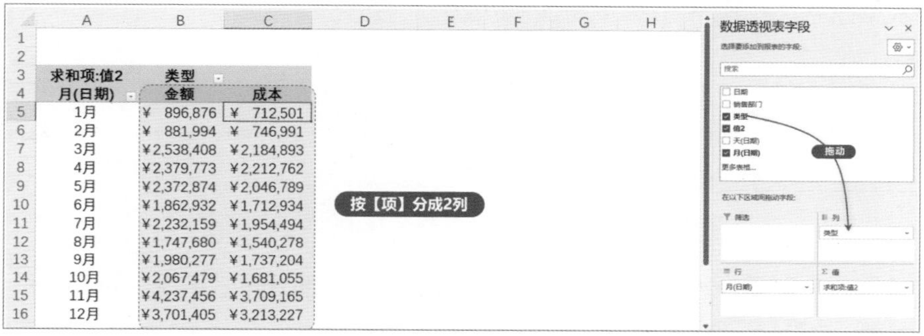

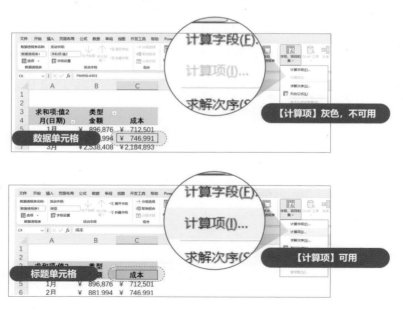

图 5-93

此时要计算利润，就需要使用"计算项"，而不是"计算字段"，其他操作步骤与"计算字段"类似，只是要选择"计算项"。需要注意的是，如果单击该列数据单元格，"计算项"是灰色的，要单击"项名称"才能单击"计算项"，如图 5-94 所示。

图 5-94

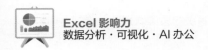

另外，在添加"计算项"时，不能有组合，否则添加时会提示"不能向组合字段中添加计算项"，需要取消组合后添加"计算项"，如图 5-95 所示。

图 5-95

打开"计算项"对话框和"计算字段"有些区别，下半部分有"字段"列表框和"项"列表框供选择和调用，如图 5-96 所示。

设置好公式后，单击"确定"按钮，然后设置百分比的类型，就能得到如图 5-97 的效果。

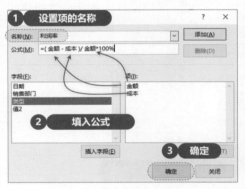

图 5-96

3	求和项:值2	类型		
4	日期	金额	成本	利润率
5	2018/1/24	¥ 572,939	¥ 477,553	17%
6	2018/1/29	¥ 245,967	¥ 170,571	31%
7	2018/1/30	¥ 67,627	¥ 55,955	17%
8	2018/1/31	¥ 10,343	¥ 8,421	19%
9	2018/2/1	¥ 40,514	¥ 27,215	33%
10	2018/2/7	¥ 70,458	¥ 52,689	25%
11	2018/2/8	¥ 11,890	¥ 12,322	-4%
12	2018/2/12	¥ 49,439	¥ 45,443	8%
13	2018/2/13	¥ 709,692	¥ 609,322	14%
14	2018/3/6	¥ 9,362	¥ 5,700	39%
15	2018/3/8	¥ 33,340	¥ 32,752	2%
16	2018/3/9	¥ 47,707	¥ 42,314	11%

生成的计算项

图 5-97

对于新增的"计算字段"或"计算项"，不能直接在列上右击，并选择快捷菜单中的"删除"命令，否则会弹出提示框提醒：无法对所选单元格进行此更改，如图 5-98 所示。

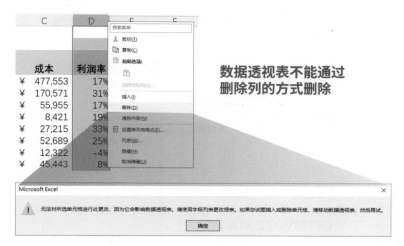

图 5-98

正确的方法是，将需要调整的字段移除出区域即可，如图 5-99 所示。

图 5-99

5.2.16　实例 104——GETPIVOTDATA：透视表专用函数

在数据透视表中，有一个专用函数 GETPIVOTDATA，作用是提取存储在数据透视表中的数据，依次单击"数据透视表分析"→"选项"→"生成 GetPivotData"命令，如图 5-100 所示。

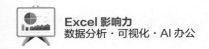

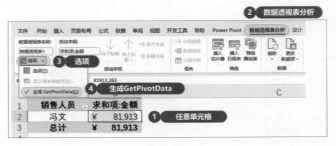

图 5-100

该函数参数的具体含义如图 5-101 所示。

图 5-101

不要看该函数参数长，感觉复杂，其实使用起来非常简单，不需要记忆任何参数，只需要在任意空白单元格中输入"="号，然后单击数据透视表中的数据单元格，就可以快速自动输入公式。例如，想查看"冯文"的"睡袋"的"金额"，并将结果返回到 F1 单元格，只需要在 F1 单元格中输入"="，然后单击数据透视表中的 C4 单元格，就会自动生成完整的公式和结果，效果如图 5-102 所示。

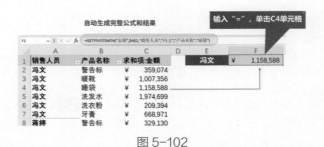

图 5-102

这个函数获取的数据透视表的结果是可以根据位置自动调整的，如刚刚 F1 单元格是使用

GETPIVOTDATA 函数从 C4 单元格引用的数据，并不是固定在 C4 单元格中，而是对应的"冯文"和"睡袋"这两个条件字段，如果添加了切片器，筛选其中的三个产品名称时，原本 C4 单元格的内容变到了 C3，所以 GETPIVOTDATA 函数引用的值也会同步变到 C3，效果如图 5-103 所示。

图 5-103

因此，在引用特定内容时非常有帮助，哪怕数值单元格位置可能会变化，但是不影响引用结果。

5.2.17 实例 105——百分比：数据透视表中的各种百分比

百分比在工作中经常会使用，传统方式是使用公式相除得到的结果，如果关系稍微复杂一点，使用公式就比较麻烦，如总计百分比、父行汇总的百分比、父级汇总的百分比等。而此时使用数据透视表的优势就非常大，可以一键轻松搞定，下面分别讲解。

1. 总计百分比

首先，插入数据透视表后，将"销售人员"和"产品名称"拖动到"行"区域，将"金额"字段拖动到"值"区域 2 次，如图 5-104 所示。

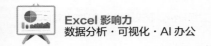

**相应字段拖动到
正确的区域**

其中，【金额】字段拖动
2次到【值】区域

图 5-104

对数据透视表的布局需要进行一定的调整，单击数据透视表"设计"下的"分类汇总"→"在组的顶部显示所有分类汇总"和"报表布局"→"以压缩形式显示"，如图 5-105 所示。

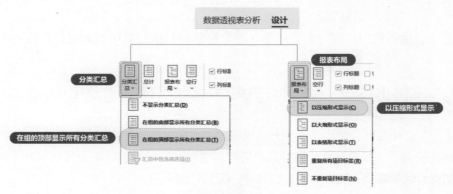

图 5-105

在最右侧列的数据单元格上右击，在弹出的快捷菜单中选择"值显示方式"→"总计的百分比"命令，如图 5-106 所示。

图 5-106

此时得到各个项目占总计的百分比，其中分类汇总处会显示所属子项目的占比总和，如图 5-107 所示。

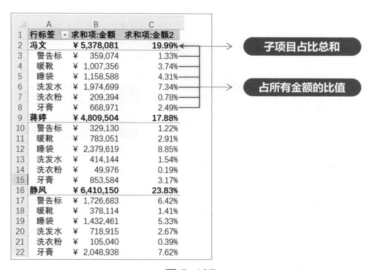

图 5-107

2. 父行汇总的百分比

如果需要查看，子项目在该类别中的占比情况，就可以使用"父行汇总的百分比"。右击单元格，选择快捷菜单中的"值显示方式"→"父行汇总的百分比"命令，如图 5-108 所示。

图 5-108

此时得到子项目在该类别的占比情况（子项目的和是 100%），效果如图 5-109 所示。

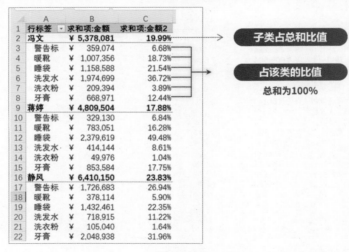

图 5-109

3. 父级汇总的百分比

与"父行汇总的百分比"非常类似的另一种形式是"父级汇总的百分比"，只有一字之差，区别就在它的含义是：以占基本字段的父项值的百分比形式显示值，如图 5-110 所示。

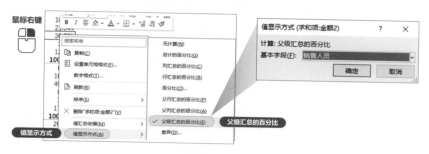

图 5-110

设置后，与"父行汇总的百分比"相比，只在"基本字段"位置的值有差别，其他单元格内容一样，效果如图 5-111 所示。

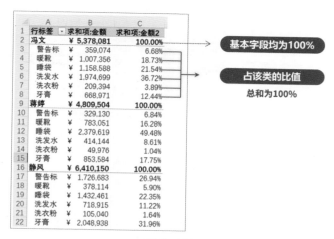

图 5-111

5.2.18 实例 106——屏蔽错误：数据透视表屏蔽报错

与函数公式一样，数据透视表也不可避免地会报错，代码和函数公式类似。例如，在使用"计算字段"生成"利润率"的新列时，如果被除数出现了空值或 0 时，就会出现 DIV 报错，如图 5-112 所示。

Excel 影响力
数据分析·可视化·AI办公

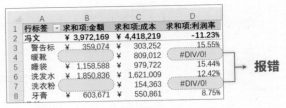

图 5-112

那么如何屏蔽数据透视表中的报错呢？只需要在单元格中右击，选择快捷菜单中的"数据透视表选项"命令，在弹出的"数据透视表选项"对话框的"布局和格式"选项卡中勾选"对于错误值，显示 *"复选框即可，如图 5-113 所示。

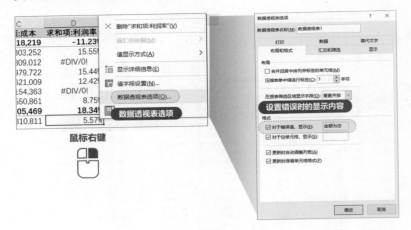

图 5-113

例如，填入错误值显示为"金额为空"，单击"确定"按钮，就能将错误的位置显示为"金额为空"，效果如图 5-114 所示。

图 5-114

206

5.3　数据分析高级工具　

5.3.1　实例 107——单变量求解：根据结果倒推

在常规数据分析过程中，一般是根据源数据和特定的公式求得相应的输出值。但如果只知道输出值和中间的公式，如何倒推出原始的数据源呢？此时，可以使用"单变量求解"功能来解决，如图 5-115 所示。

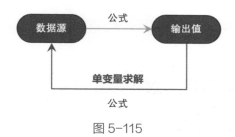

图 5-115

例如，C2 单元格是价税合计，公式是"=A2*(1+B2)"，如图 5-116 所示。这个单元格的结果是 124，希望以此倒推出 A2 单元格是多少？

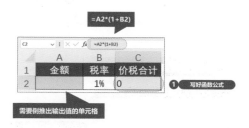

图 5-116

可以依次单击"数据"→"模拟分析"→"单变量求解"，在弹出的"单变量求解"对话框中，将"目标单元格"设置为 C2 单元格（使用鼠标单击 C2），在"目标值"文本框中输入 124，将"可变单元格"设置为 A2 单元格（使用鼠标单击 A2，如图 5-117 所示）。

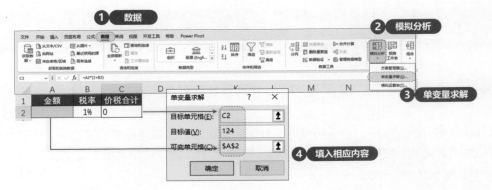

图 5-117

单击“确定”按钮，可以得到“金额”的结果，效果如图 5-118 所示。

图 5-118

再来看一个图书销售的问题，在下方表格中，已经将各个单元格公式写好了，需要求出利润超过 5 万，最少需要卖多少本图书呢？如图 5-119 所示。

挣5万需要卖多少本书？

大类	小类	金额
固定成本	房租	1000
	人工	3000
可变成本	产品成本	0
	运费	0
单价		50
销售量		
总销售额		0
销售利润		-4000

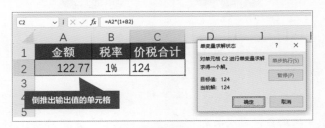

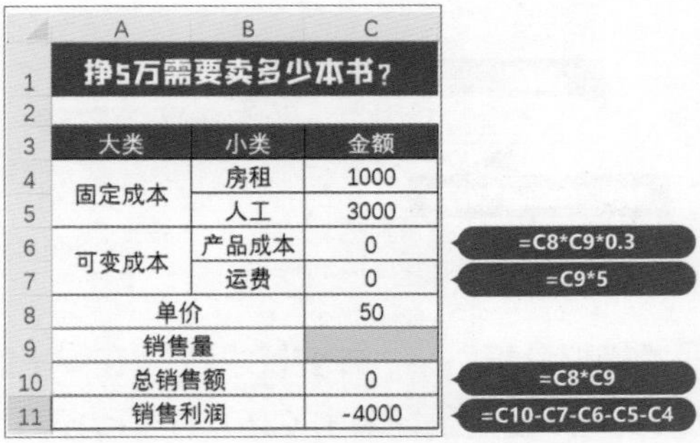

图 5-119

打开"单变量求解"对话框，将"目标单元格"设置为 C11，"目标值"设置为 50000，"可变单元格"设置为 C9，如图 5-120 所示。

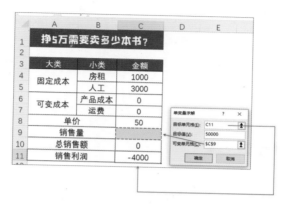

图 5-120

单击"确定"按钮后，就能得到正确的结果，效果如图 5-121 所示。

图 5-121

5.3.2　实例 108——规划求解：给出最优解答案

上一个实例中的"单变量求解"是有明确的结果，但是如果需要得到最优解，逆向推导出详细方案，就可以使用更高阶的工具——规划求解。

如果在"数据"选项卡的最右侧没有"规划求解"，可以手动开启，操作步骤：单击"文件"→"选项"，弹出"Excel 选项"对话框，在左侧选择"加载项"选项，在"管理"下拉列表中选择"Excel 加载项"单击"转到"按钮，在弹出的"加载项"对话框中，勾选"规划求解加载项"复选框，单击"确定"按钮，如图 5-122 所示。

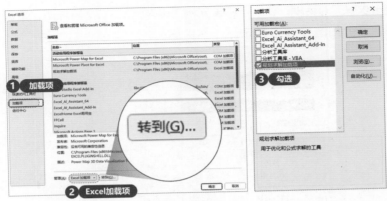

图 5-122

在"数据"选项卡的最右侧就会多出"规划求解"的功能按钮，如图 5-123 所示。

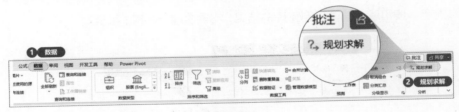

图 5-123

如果使用的是新版 WPS，依次单击"数据"→"模拟分析"→"规划求解"（首次启动需要联网），如图 5-124 所示。

图 5-124

下面通过一个综合实例说明该功能的详细用法。

有 4 家企业：A 企业、B 企业、C 企业、D 企业；4 名审计员；审计员 1、审计员 2、审计员 3、审计员 4。这 4 名审计员分别去这 4 家企业完成审计工作所需要的天数，如图 5-123 所示。

	A企业	B企业	C企业	D企业
审计员1	10	14	24	31
审计员2	13	17	28	34
审计员3	11	16	26	35
审计员4	15	20	30	41

图 5-123

规定一家企业只能去一名审计员，而且一名审计员也只能去一家企业。

现在有两个问题：一是如何安排这 4 名审计员才能使总的审计天数最少？二是如何安排这 4 名审计员，总的审计天数最多？

先新增一个与源数据形式一样的可变区域，不填内容，将相关的函数公式填写好，效果如图 5-126 所示。

图 5-126

继续打开"规划求解"对话框，按需求"设置目标""可变单元格""约束条件"等，具体设置细节可参考如图 5-127 所示。

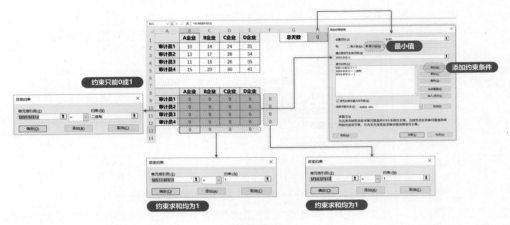

图 5-127

设置好以后，单击"求解"按钮，就能得到最少天数是 89。具体审计员安排情况如图 5-128 所示。

	A企业	B企业	C企业	D企业			总天数	89
审计员1	10	14	24	31				
审计员2	13	17	28	34				
审计员3	11	16	26	35				
审计员4	15	20	30	41				
	A企业	B企业	C企业	D企业				
审计员1	0	0	1	0	1			
审计员2	0	0	0	1	1			
审计员3	0	1	0	0	1			
审计员4	1	0	0	0	1			
	1	1	1	1				

图 5-128

图中"0"表示无，"1"表示有，则总的审计天数最少得安排如下。

审计员 1 去 C 企业，审计员 2 去 D 企业，审计员 3 去 B 企业，审计员 4 去 A 企业。

按照同样的做法，将"设置目标"一栏改为"最大值"，其他相同，单击"求解"按钮后，得到的结果如图 5-129 所示。

图 5-129

图中"0"表示无，"1"表示有，则总的审计天数最多得安排如下。

审计员 1 去 A 企业，审计员 2 去 C 企业，审计员 3 去 B 企业，审计员 4 去 D 企业。

通过这个实例看出，在条件比较复杂的情况下，进行最优解分析时，使用"规划求解"是种非常不错的方式，推荐多使用。

Chapter

06

图表篇

精彩图表，让汇报呈现全程高能

"能图不表，能表不文"，可视化是数据分析至关重要的一环，在对海量的数据完成整理和清洗后，就需要以最直观的方式呈现数据。

6.1　数据透视图制作与应用

6.1.1　实例 109——数据透视图：插入方法与应用

数据透视图和数据透视表是一对"兄弟"，一般同时出现。在插入数据透视表以后，需要进行可视化呈现时，都需要插入数据透视图。

1. 插入方式

插入数据透视图有两种主要方式，如图 6-1 所示。

方式一：单击数据透视表中的任意单元格，单击"数据透视表分析"→"数据透视图"。

方式二：单击数据透视表中的任意单元格，单击"插入"→"数据透视图"。

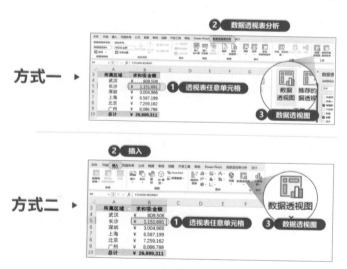

图 6-1

后续的步骤与正常插入图表的步骤类似，在"插入图表"对话框的左侧选择图表的类型，单击某个类型后，右侧的上方可以选择该类图表的子类型，例如，现在插入一个簇状柱形图，在右侧的下方会有这种类型图表的效果预览，如图 6-2 所示。

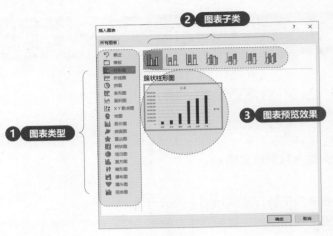

图 6-2

2. 字段按钮设置

单击"确定"按钮，即可完成数据透视图的插入，与常规的图表不同的是，数据透视图默认会自带"字段按钮"（图中左侧的灰色按钮），可以借助它来完成数据透视图的筛选。例如，这里筛选前 3 名的内容，可以依次单击"所属区域"→"值筛选"→"前 10 项"，在弹出的"前 10 个筛选"对话框中，设置具体的数量，如图 6-3 所示。

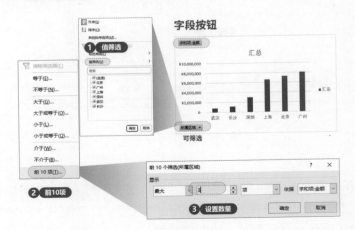

图 6-3

单击"确定"按钮，就能完成数据透视图的筛选，效果如图 6-4 所示。

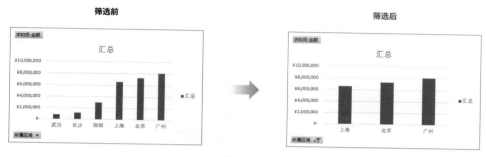

图 6-4

对于字段按钮的显示，还可以通过在"数据透视图分析"→"字段按钮"中进行详细的设置，控制哪些内容显示，以及是否隐藏字段按钮，如图 6-5 所示。

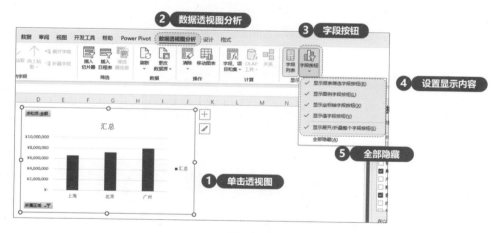

图 6-5

3. 图表样式设置

如果不想使用默认的图表样式，可以使用其他样式，也有两种启用方式。

方式一： 单击"设计"→"图表样式"（展开按钮），将鼠标悬停在图表样式上可以预览效果，如图 6-6 所示。

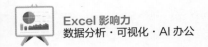

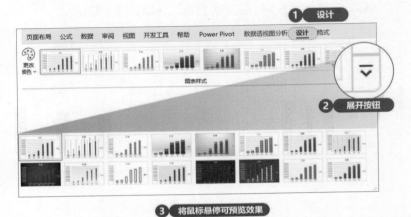

图 6-6

方式二：单击数据透视图右侧的图表样式的按钮（蓝色毛笔图标），展开"样式"选项，拖动滚动条，可以查看、悬停，也可以预览效果，如图 6-7 所示。

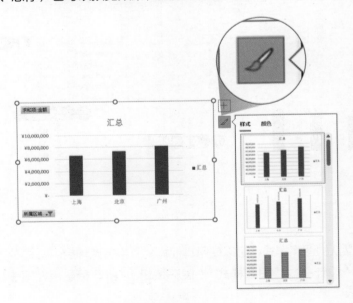

图 6-7

4. 快速布局

快速调整布局时，可以在数据透视表"设计"→"快速布局"下拉菜单中选择系统提供的快速布局样式，一键完成布局，如图 6-8 所示。

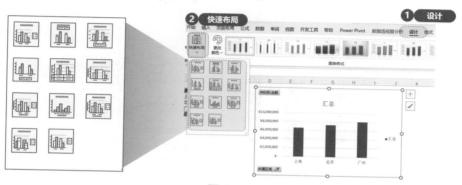

图 6-8

"布局 5"是其中比较常用的快速布局样式，与常规的布局方式相比，图表的下方有表格数据信息，如图 6-9 所示。

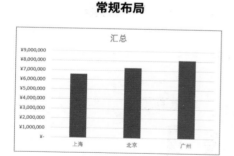

图 6-9

6.1.2　实例 110——图表元素：增删相关的元素

在数据透视图或图表中需要增删元素时，有两种启用方式。

方式一：单击图表，单击右上角的"图表元素"按钮，在展开的选项中勾选所需元素，还可

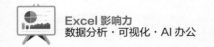

以单击元素右侧的展开按钮，展开其子类，如图 6-10 所示。

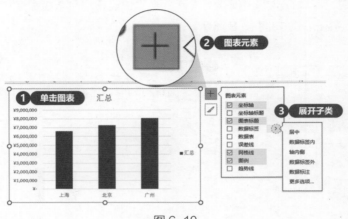

图 6-10

方式二：单击图表，单击"设计"→"添加图表元素"，展开相应的元素类别，单击右侧的三角按钮可以进一步展开子类，与第一种方式的区别在于，这种方式有图标示意，方便用户选择，如图 6-11 所示。

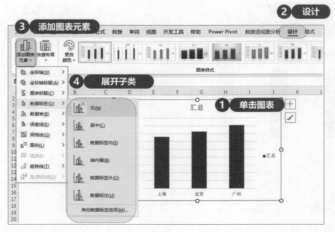

图 6-11

其中，比较常见的用法是关闭图例、关闭网格线、打开数据标签等，如图 6-12 所示。

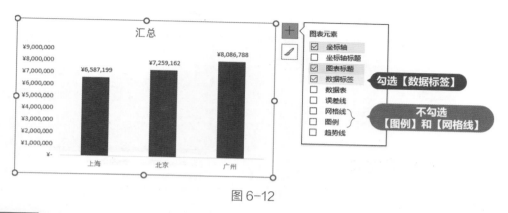

图 6-12

实例 111——甘特图制作：用堆积条形图制作

甘特图，也被称为横道图或条形图。在 Excel 中，一般通过条形图来展现特定项目的顺序及持续时长，从而直观地表明任务或计划何时开始、进展与要求的对比。下面演示如何使用 Excel 制作简易的甘特图。

1. 数据准备

在制作甘特图之前，需要先准备相关的数据，建议按图 6-13 的形式布局，最后一列中的"持续天数"为"开始日期"与"结束日期"的差值。

开始日期 — 结束日期

	A	B	C	D	E
1	序号	任务	开始日期	结束日期	持续天数
2	1	任务一	2024/2/4	2024/2/9	5
3	2	任务二	2024/2/8	2024/2/20	12
4	3	任务三	2024/2/18	2024/3/2	13
5	4	任务四	2024/2/28	2024/3/24	25
6	5	任务五	2024/3/10	2024/4/5	26
7	6	任务六	2024/4/1	2024/4/23	22

图 6-13

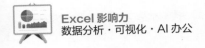

2. 插入堆积条形图

按住 Ctrl 键，使用鼠标选中 B、C 两列的数据单元格，依次单击"插入"→"二维条形图"→"堆积条形图"，就能生成堆积条形图，如图 6-14 所示。

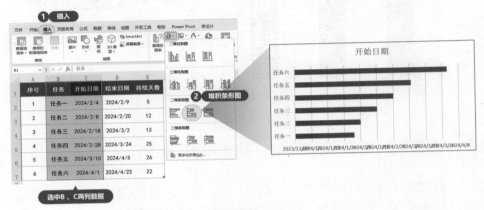

图 6-14

选中 E 列的数据单元格进行复制（快捷键：Ctrl+C），然后单击图表进行粘贴（快捷键：Ctrl+V），就能将 E 列的数据直接呈现到堆积条形图上，图表右侧会出现红色的堆积条形，就是新增的数据内容，如图 6-15 所示。

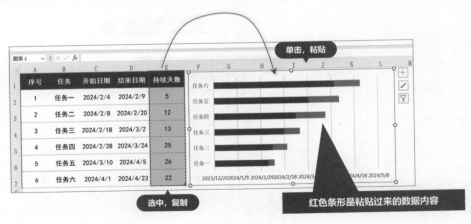

图 6-15

3. 调整堆积条形图

在条形图上右击选择快捷菜单中的"设置数据系列格式"命令，打开"设置数据系列格式"窗格，选择"填充"中的"无填充"单选按钮，就能将绿色的条形设置为无填充的效果，如图 6-16 所示。

图 6-16

单击纵坐标轴，勾选"坐标轴选项"中的"逆序类别"复选框，就能让纵坐标轴按逆序排布，如图 6-17 所示。

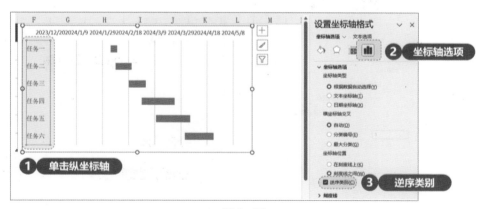

图 6-17

考虑到左侧的留白太多了，可以调整横坐标轴的起始位置，如可以调整为最小日期的值（日期的实质是数字，起点是 1900/1/1）。目前表格中最小的日期是 C2 单元格，将 C2 单元格的格式调整为常规后，会发现该日期变成了 45326（从 1900/1/1 往后 45326 天），如图 6-18 所示。

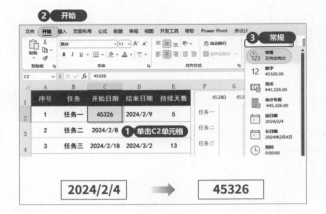

图 6-18

继续单击图中的行横坐标轴，在"坐标轴选项"→"边界"中，设置"最小值"为45326，红色的条形就会对齐到图的左侧；展开"数字"选项，设置"类型"为"月/日"的形式，效果如图 6-19 所示。

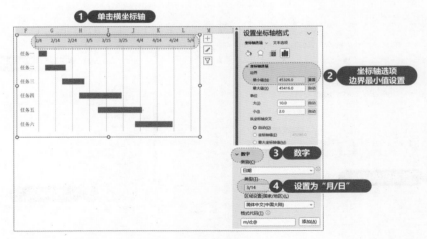

图 6-19

4. 添加数据标签

单击条形部分，单击"图表元素"（右侧绿色加号）→"数据标签"，完成数据标签添加。还可以继续单击"格式"→"形状填充"，将条形设置为指定的颜色，如图 6-20 所示。

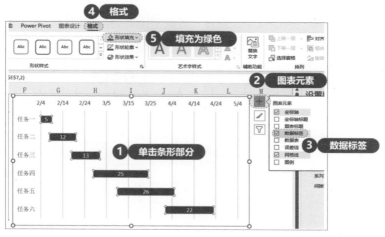

图 6-20

至此，简易的甘特图就完成了，当左侧表格的数据有变动时，右侧的甘特图也会同步更新，如图 6-21 所示。

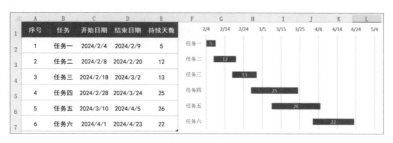

图 6-21

6.1.4 实例 112——迷你图：一键生成简约迷你图

如果觉得每次数据可视化都制作图表很麻烦，可以使用简易的迷你图完成数据的可视化。

在"插入"选项卡下，迷你图一共有三种：折线、柱形、盈亏。建议先将放置迷你图的单元格调大一点，否则图会非常小，不便识别。

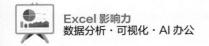

1. 插入迷你图

选中连续数据区域下方的汇总行的空白单元格区域，依次单击"插入"→"迷你图"→"折线"，在弹出的"创建迷你图"对话框中，设置"数据范围"为 C3:G14，与下方选中的区域等宽（这个很重要，否则会报错），如图 6-22 所示。

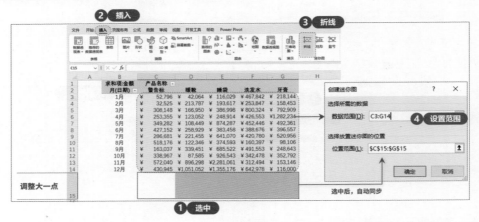

图 6-22

单击"确定"按钮后，就能生成选中数据范围的迷你图，如果需要切换类型，可以继续单击上方的"迷你图"选项，在左侧的"类型"中选中其他类型，例如，选中"柱形"就能完成切换，如图 6-23 所示。

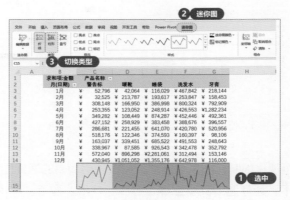

图 6-23

2. 调整迷你图

调整为"柱形"后，每一列的数据都具有相对独立性，坐标轴数值并不完全统一，会根据每列数据的情况自动调整，如果需要统一坐标轴的值，可以单击"迷你图"→"坐标轴"，分别设置"纵坐标轴的最小值选项"和"纵坐标轴的最大值选项"，具体值以表格中的值综合确定，如本实例设置的是 0 和 1400000，如图 6-24 所示。

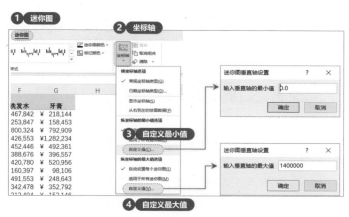

图 6-24

设置后就能直观地看到各列数值的大小对比情况，如图 6-25 所示。

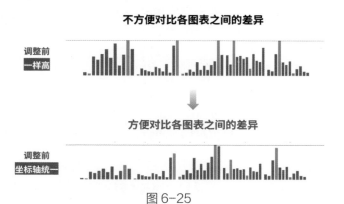

图 6-25

还可以继续单击"迷你图"选项，在左侧的"显示"中可以勾选标记特殊点：高点、低点、负点、

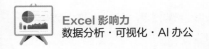
首点、尾点等。右侧的"迷你图颜色"和"标记颜色"可以对各部分分别设置特点颜色，如图 6-26 所示。

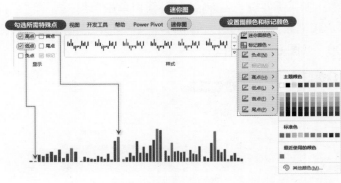

图 6-26

3. 清除迷你图

与普通图表不一样的是，迷你图不能直接按键盘上的 Delete 键删除，需要单击"迷你图"→"清除"，才能完成删除，如图 6-27 所示。

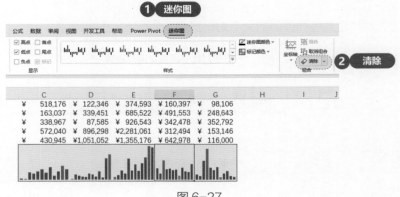

图 6-27

6.1.5 **实例 113——双坐标轴：柱形图和折线图的组合图表**

如果插入图表中的不同列数据差异非常大，不适合用统一的纵坐标轴，就可以使用双坐标轴。

例如，下方的表格中有"金额"和"利润率"，如果按常规的方式插入柱形图，由于"利润率"的值都小于 1，所以在图表上无法很好地体现，如图 6-28 所示。

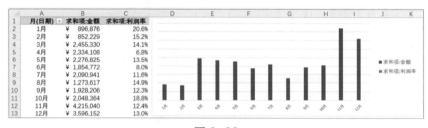

图 6-28

这种差异明显的两列插入图表时，就可以选择组合图。在"插入图表"对话框的左侧图表类型的最下方选择"组合图"，右侧下方将"利润率"的图表类型设置为"折线图"，并勾选后面的"次坐标轴"复选框，上方会有该组合图的预览效果，如图 6-29 所示。

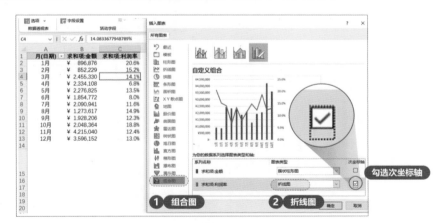

图 6-29

单击"确定"按钮，即可完成图表的插入，如果需要将折线调整为平滑的曲线，可以右击折线后，选择快捷菜单中的"设置数据系列格式"命令，打开"设置数据系列格式"窗格，在"填充与线条"中勾选"平滑线"复选框，折线就能调整为平滑的曲线，如图 6-30 所示。

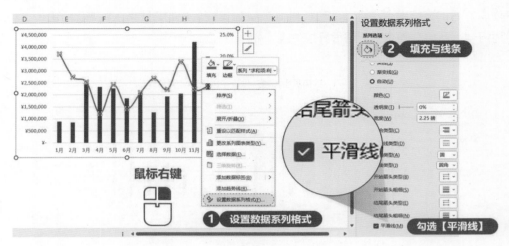

图 6-30

如果希望强调折线的标记点，可以单击曲线，"填充与线条"→"标记"→"标记选项"，在"内置"中设置具体的"类型"和"大小"，如图 6-31 所示。

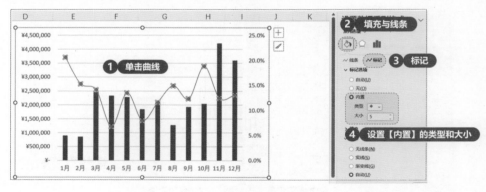

图 6-31

6.1.6 实例 114——自动标记图表特定值：图表也能自动标记

对于图表中的最大值和最小值往往需要重点关注，如果能在图表中自动标记最大值和最小值并可动态更新，就非常方便了，效果如图 6-32 所示。

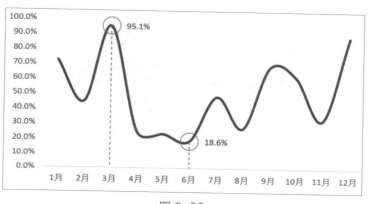

图 6-32

具体制作过程如下。

1. 准备数据

为了后面更方便地快速动态改变数据，插入 B 列数据使用随机数函数 RAND，并将 B 列设置为百分比的类型，如图 6-33 所示。

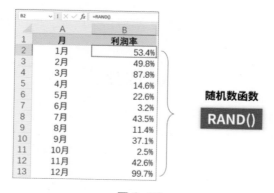

图 6-33

2. 插入折线图

按照之前的方法插入折线图，取消图例，并设置为"平滑线"。右侧新增一列，列名为"最值"，并使用如下公式：

=IF(OR(B2=MAX($B$2:$B$13),B2=MIN($B$2:$B$13)),B2,NA())

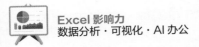

含义是当单元格中的值是最大值或最小值时，返回本身，否则返回 #N/A。这里使用 NA 函数而不是空，是因为 #N/A 在图表中不会显示，如图 6-34 所示。

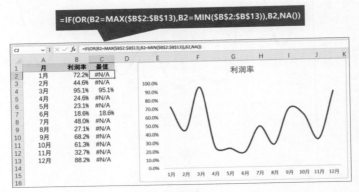

图 6-34

3. 插入散点图

将刚刚新建的 C 列拓展进图表有两种方式。

方式一： 复制刚刚新增的 C 列（快捷键：Ctrl+C），单击图表进行粘贴（快捷键：Ctrl+V）。

方式二： 单击图表，将数据表格右下角的手柄往右拖动一格，即可将新增的 C 列包含进图表，如图 6-35 所示。

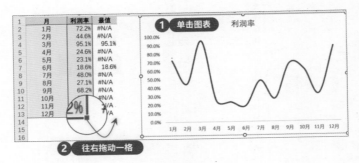

图 6-35

单击图表，单击"图表设计"→"更改图表类型"弹出"更改图表类型"对话框，在左侧选择"组合图"，将右侧的"利润率"设置为"折线图"，将"最值"设置为"散点图"，这里不要勾选"次坐标轴"复选框，如图 6-36 所示。

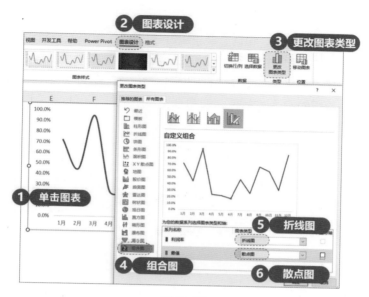

图 6-36

再次单击折线，勾选"平滑线"，使折线调整为平滑的曲线。单击最值的两个点，依次单击"标记"→"标记选项"→"内置"（设置类型和大小），"大小"建议调大一些，"填充"设置为"无填充"，此时最大值和最小值就变成了一个大圆圈。

单击右上角的"图表元素"（绿色加号），勾选"数据标签"，就能让最大值和最小值在图表上自动标记出来，如图 6-37 所示。

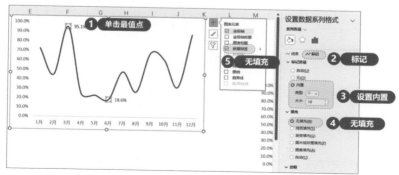

图 6-37

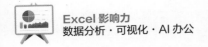

4. 添加引导线

单击最值的点，添加图表元素，勾选"误差线"，打开"设置误差线格式"窗格，在"误差线选项""垂直误差线"→"方向"中选择"负偏差"单选按钮，在"末端样式"中选择"无线端"单选按钮，"误差量"选择"自定义"，单击"指定值"按钮，在弹出的"自定义错误栏"对话框中，将"负错误值"设置为新增的 C 列数据值，如图 6-38 所示。

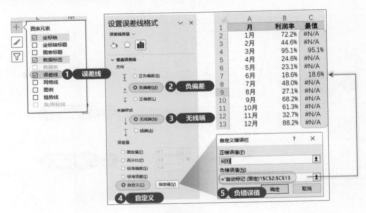

图 6-38

取消勾选多出的横向误差线，保留垂直方向的误差线，即可得到最终的效果，如图 6-39 所示。

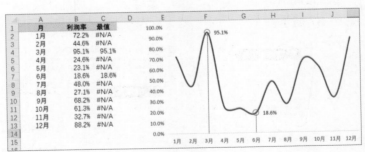

图 6-39

多次按下 F9 键就能不断刷新数据，之前填入的 RAND 函数的值会随机变化，图表也会跟着表格数据自动变化。

6.2 动态图表制作与设计

6.2.1 实例 115——多图联动：切片器控制多张图表

数据透视图和数据透视表都支持插入切片器，切片器可以控制多张透视图和透视表。

1. 插入多张透视图

在制作多张透视图时，需要注意：一张透视表对应一张透视图。也就意味着，如果需要生成 N 张透视图，就需要 N 张透视表，然后分别用相应的透视表生成对应的透视图。

例如，结合数据源表，生成 4 张数据透视表，并进一步生成对应的 4 张透视图，如图 6-40 所示。

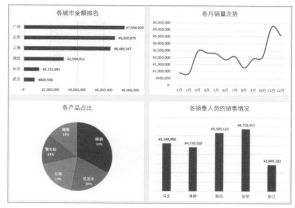

数据透视表

数据透视图

图 6-40

2. 插入切片器

单击第一张图表（或任意其他图表），单击"数据透视图分析"→"插入切片器"，打开"插入切片器"窗格，勾选所需要的字段（如"销售部门"），单击"确定"按钮，如图 6-41 所示。

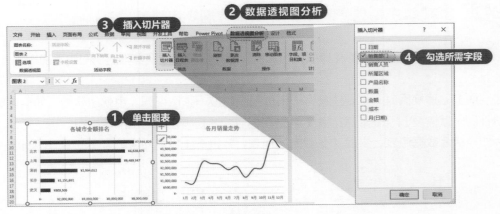

图 6-41

继续单击"切片器"，将"列"设置为 4，并结合位置和空间调整按钮的高度和宽度，效果如图 6-42 所示。

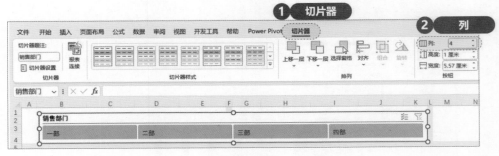

图 6-42

3. 控制多张图表

单击"报表连接"或右击"报表连接"，选择需要控制的数据透视表（本实例全部勾选），如图 6-43 所示。

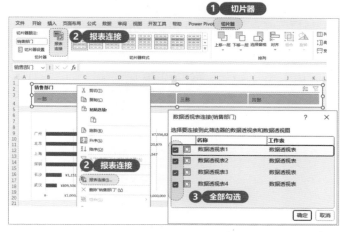

图 6-43

于是就能实现单击一个切片器控制 4 张数据透视表和数据透视图，如图 6-44 所示。

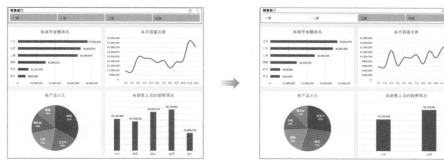

图 6-44

6.2.2　实例 116——快速对齐：元素自动吸附对齐

在利用多个图表或切片器制作仪表板时，对齐就非常重要了，常规的手动对齐不方便，不同图表和切片器元素之间的大小和比例不同，也不能直接使用对齐命令完成对齐，所以在完成排版时，就需要掌握快速对齐的方法。

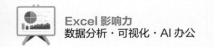

Excel 表格中有很多网格线，这些都是可以用来对齐的，如果将其关闭了，可以单击"视图"→"网格线"，控制其显示或隐藏，如图 6-45 所示。

图 6-45

图表的边界并不会自动贴附在网格线上，需要按下 Alt 键，搭配该功能键，所有元素的边界和网格线就会"相互吸引"了，如图 6-46 所示。

图 6-46

6.2.3　实例 117——仪表板制作：Excel 动态仪表板制作

通过调整行高和列宽的方式，划分好图表、切片器及形状摆放的位置，可以通过颜色填充的方式做好留白空隙与区域的颜色区分，如图 6-47 所示。

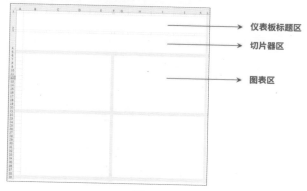

图 6-47

　　将前面实例中讲到的图表、切片器摆放到相应位置并对齐，上方添加标题后，就能得到如图 6-48 的效果。

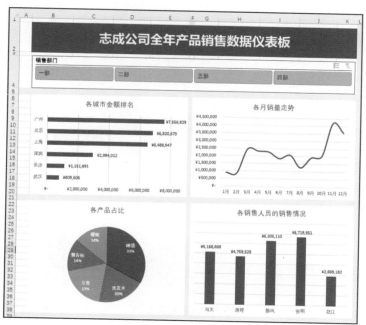

图 6-48

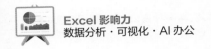
6.2.4 实例 118——联动呈现：Excel 图表在 PPT 中联动

在 Excel 中制作好的表格或图表，如果直接复制到 PPT 中，是不能与 Excel 中的表格或图表联动的。想要实现联动的效果，就需要使用"粘贴链接"的功能。

1. 单个图表

单击 Excel 中的图表（已关联切片器）复制（快捷键：Ctrl+C），打开 PPT 并新建一个空白页面，依次单击"开始"→"粘贴"→"选择性粘贴"（快捷键：Ctrl+Alt+V），打开"选择性粘贴"对话框，选择"粘贴链接"单选按钮，如图 6-49 所示。

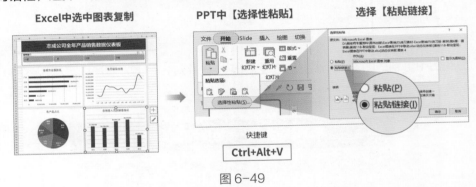

图 6-49

当 Excel 中单击切片器进行筛选时，PPT 中的图表也会同步更新，如图 6-50 所示。

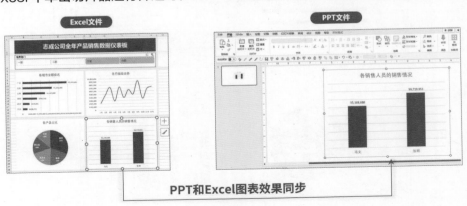

图 6-50

需要注意的是，这种方法只是粘贴了链接，文件还是在 Excel 中，所以最好将 PPT 和关联的 Excel 放在同一个文件夹下，方便使用和批量移动。如果需要对链接进行调整，可以在 PPT 中单击"文件"→"信息"，在对话框中单击"编辑指向文件的链接"按钮，如图 6-51 所示。

图 6-51

在弹出的对话框中可以对链接进行设置和调整，如图 6-52 所示。

图 6-52

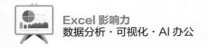
2. 多张图表

如果是多个图表，可以直接复制后，粘贴到 PPT 中，并在右下角的粘贴选项选择"保留源格式"，如图 6-53 所示。

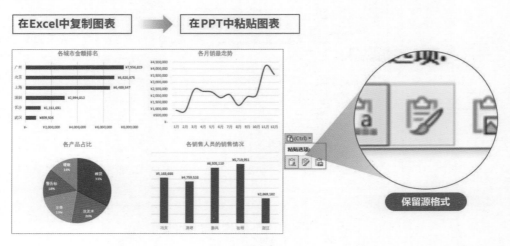

图 6-53

在 Excel 中进行切片器筛选操作时，PPT 中的图表也会与 Excel 图表保持同步，如图 6-54 所示。

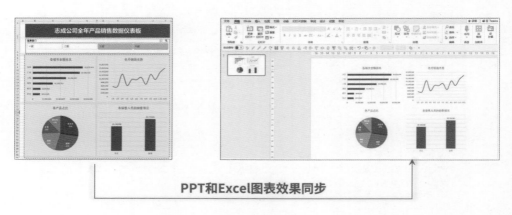

图 6-54

Chapter

07

高级进阶，宏与 VBA 的更多可能

对于 Excel 中各种重复的复杂操作，很多人力不从心，疲于应对。其实 Excel 内置了一个专门应对重复工作的杀手锏——VBA。

对于已经具有一定功底的小伙伴，希望更进一步，很有必要学习 VBA 来提升效率；对于普通的新用户，也可以学习基础的宏来解决常用的批处理问题。总之，宏和 VBA，值得每一个数据分析人员认真学习和对待。

7.1　宏的录制与应用

7.1.1　实例 119——录制宏：轻松应对重复性工作

宏是一段代码指令的集合，在自动化办公中非常重要。在实际应用中，宏分为"录制宏"和"手工编辑的宏"。本实例重点讲解"录制宏"。

1. 开启"录制宏"

宏在微软 Excel 中有多种启用方式。

方式一： 单击"视图"→"宏"→"录制宏"，如图 7-1 所示。

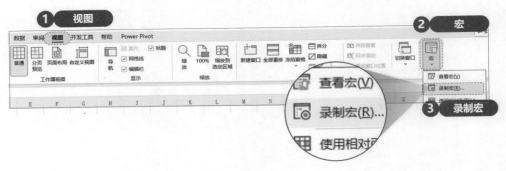

图 7-1

方式二： 单击"开发工具"→"录制宏"（代码组中），如图 7-2 所示。

图 7-2

如果选项卡中没有"开发工具"，可以单击"文件"→"选项"，弹出"Excel 选项"对话框，在左侧选择"自定义功能区"选项，并勾选"开发工具"复选框（图 7-3），单击"确定"按钮后，在上方就能看到"开发工具"的选项卡了。

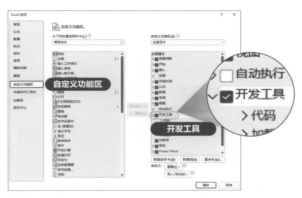

图 7-3

如果是金山 WPS 表格（个人版，版本号：16120），可单击"工具"→"开发工具"，会多出一个"开发工具"选项卡，单击后下方就能看到"录制新宏"命令，如图 7-4 所示。

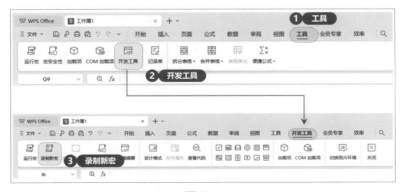

图 7-4

2. 使用"录制宏"

开启该功能后，接下来就是如何使用它了。如图 7-5 所示，该表格中有 6 个工作表，格式比较混乱。

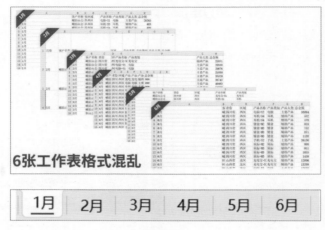

图 7-5

现在需要使用"录制宏"功能进行批处理,要求如下。

(1) 批量调整各表的行高和列宽,实现自适应。

(2) 开启筛选按钮。

(3) 删除 C 列(省份)。

(4) 筛选"总金额"为 500~1000 的数据。

先单击"1 月"工作表,单击"录制宏",在弹出的"录制宏"对话框中,设置"宏名"(这里设置的是:我的第 1 个宏)和"快捷键"(这里设置的是 Ctrl+W),单击"确定"按钮后,"录制宏"图标会变成"停止录制",表示已经开始录制,如图 7-6 所示。

图 7-6

然后再按照上面的 4 个步骤操作"1 月"工作表，具体如图 7-7 所示。

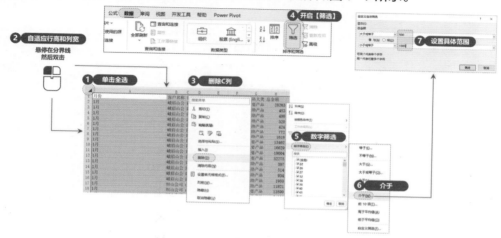

图 7-7

3. 运行宏

完成后，单击"停止录制"，单击"2 月"工作表，单击"宏"，在"宏"对话框中单击需要执行的宏名，然后单击"执行"按钮，即可将该宏在该工作表中执行完成，效果如图 7-8 所示。

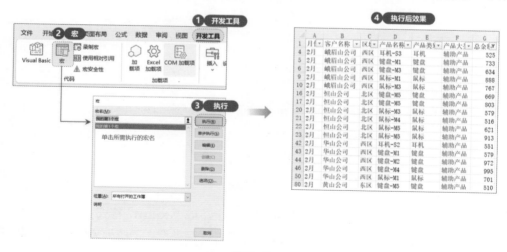

图 7-8

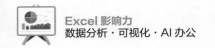

后续的"3月""4月""5月""6月"的工作表，可以通过设置过的快捷键 Ctrl+W 批量快捷完成，高效便捷，如图 7-9 所示。

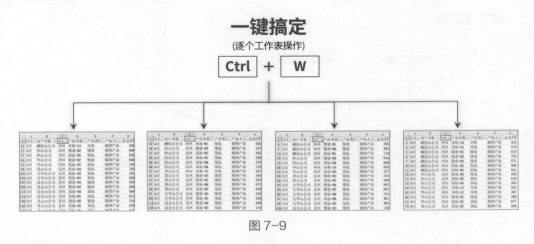

图 7-9

7.1.2 实例 120——存储宏：宏的保存与位置

存储宏的时候有一点"小讲究"。如果使用常规的 **".xlsx"** 保存，会弹窗提示：无法在未启用宏的工作簿中保存以下功能，如图 7-10 所示。

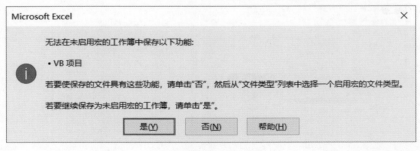

图 7-10

如果希望录制的宏能顺利保存，就可以另存为 **".xls"或".xlsm"格式**。单击"文件"→"另存为"（快捷键：F12），弹出"另存为"对话框，在"保存类型"下拉列表中可以选择"Excel 启用宏的工作簿(*.xlsm)"或"Excel 97-2003 工作簿(* .xls)"，如图 7-11 所示。

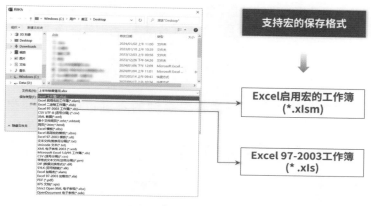

图 7-11

另外，在单击"录制宏"时，也能设置宏存储的位置，有 3 个位置可供选择：个人宏工作簿、新工作簿、当前工作簿，如图 7-12 所示。

图 7-12

个人宏工作簿：保存经常使用的宏，每次打开 Excel 后，都可以直接使用这些宏命令。

选择这种形式保存时，Excel 会创建一个个人宏工作簿（Personal.xlsb），存储在 XLStart 文件夹中，具体路径为：C:\Users\ 用户名 \AppData\Roaming\Microsoft\Excel\XLSTART。

新工作簿：单击"录制宏"后，会自行创建一个新的工作簿，并将录制的宏保存在新的工作簿中。

当前工作簿：录制的宏保存在当前的工作簿中，而且该宏也只能在当前工作簿打开时在当前工作簿使用。

可以结合自己的需求选择合适的位置，如果是比较常用的，以后都用得上的，就选"个人宏工作簿"；如果仅是当前工作簿使用就选择"当前工作簿"，否则就选择"新工作簿"。

7.1.3 实例 121——编辑宏：VBA 代码的力量

使用录制宏完成各项操作后，还需要对录制的宏进行修改和调整，可以单击"视图"→"宏"→"查看宏"（或"开发工具"→"宏"），打开"宏"对话框（快捷键：Alt+F8），单击"选项"按钮，修改快捷键，如图 7-13 所示。

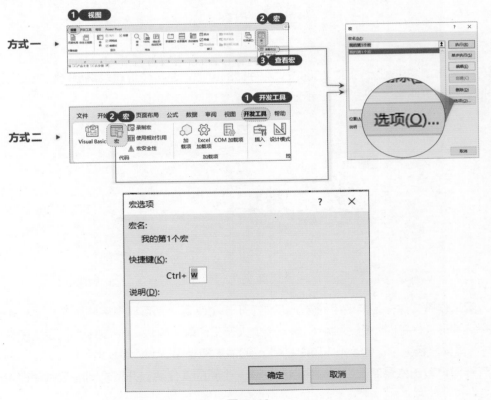

图 7-13

如果要对宏代码进行编辑和调整，可以单击"编辑"按钮，打开 VBA 的编辑窗口——

VBE，VBE 即 visual basic editor 的简写，是 Excel 中的集成开发环境（IDE）。VBE 允许用户编写、调试和运行 Excel 的 VBA（visual basic for applications）代码。

还可以通过按快捷键 Alt+F11，或单击"开发工具"→"Visual Basic"，打开 VBE 编辑器，如图 7-14 所示。

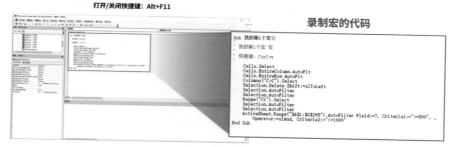

图 7-14

在代码窗口中，显示的代码是使用"录制宏"功能，Excel 将用户的操作转换的代码，如果需要进行调整，可以直接修改代码。

例如，将"500-1000"修改为"1000-2000"，就可以在下次执行代码的时候，按新的代码来执行。

7.1.4　实例 122——宏安全性：调整宏安全级别

为了让宏能正常运行，除了需要保存为启用宏的格式外，还需要调整宏的安全级别，否则可能会被 Excel 软件禁止。

操作步骤：单击"文件"→"选项"，弹出"Excel 选项"对话框，在左侧选择"信任中心"，单击"信任中心设置"按钮，弹出"信息中心"对话框，"宏设置"中提供了 4 种方式。

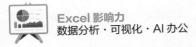

不提供通知，禁用 VBA 宏： 直接禁止所有宏，而且不通知，相当于完全禁止了宏。

通过通知禁用 VBA 宏： 每次打开带 VBA 宏的文件，会先禁用宏，然后通知询问，用户可以选择"启用内容"或"禁用内容"，单击"启用内容"按钮可以支持运行宏，如图 7-15 所示。

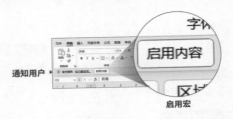

图 7-15

禁用无数字签署的 VBA 宏： 宏先会被禁用，只有受信任发布者对宏进行数字签名（数字证书需要通过认证才能获得），并信任该发布者，才能运行宏，如图 7-16 所示。

图 7-16

启用 VBA 宏： 这是安全隐患最大的一种方式，会运行所有的宏，而且没有提醒，Excel 本身也不推荐这种方式，如图 7-17 所示。

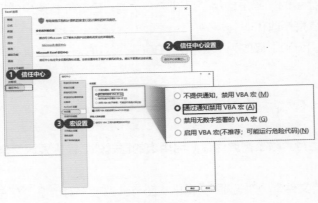

图 7-17

一般情况下，更推荐选择第 2 个，也就是"通过通知禁用 VBA 宏"。每次运行前都询问，然后让用户决定是否运行宏，这样更安全、稳妥，能过滤掉一些带风险的宏。

如果是金山 WPS 表格，可以单击"工具"→"宏安全性"，在弹出的"安全性"对话框中，选择需要的安全级别，每个级别都有详细的文字说明。一般推荐选"中"，用户可自行选择是否运行宏，如图 7-18 所示。

图 7-18

7.1.5 实例 123——使用相对引用：宏的灵活应用

在写函数公式时，会有"相对引用"和"绝对引用"两种不同的情况；在录制宏时，也同样如此。例如，现在有两张表，左侧是"记录表"，右侧是"统计表"，现在希望实现的效果是，单击左侧的"记录表"中的"记录"按钮，能将表中的信息复制并粘贴到"统计表"中，而且是依次往下，不能覆盖原有信息，最后一列的"工龄津贴"是"工龄"*200。

1. 开启"使用相对引用"

由于本次使用的是"相对引用"，所以初始位置非常重要，左侧的"记录表"的初始单元格为B2，"统计表"中的初始单元格为 A2，如图 7-19 所示。

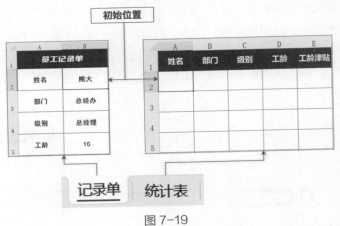

图 7-19

单击"开发工具"→"使用相对引用",使其输出按下状态,此时录制的宏,就会自动记录相对引用位置,如图 7-20 所示。

图 7-20

2. 开启"宏录制"

接下来开始录制宏的相关操作。复制"记录表"中的 B2:B5 单元格,然后在"统计表"的 A2 单元格中右击,在弹出的"粘贴选项"中选择"转置",并在 E2 单元格中输入公式:=D2*200,如图 7-21 所示。

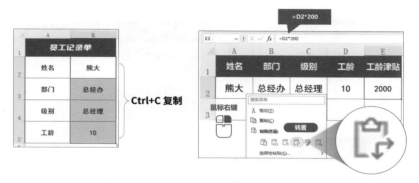

图 7-21

操作完成后，一定要将光标停在下一行的第 1 个单元格，也就是 A3 单元格（这一步很重要），再单击"停止录制"按钮。

3. 关联并运行宏

在"记录表"中，单击下方的"记录"形状，选择快捷菜单中的"指定宏"命令，弹出"指定宏"对话框，选择录制好的宏，如图 7-22 所示。单击"确定"按钮，即可完成形状与宏的关联。

图 7-22

修改"记录表"中的数据，单击"记录"按钮，即可执行宏，如图 7-23 所示。

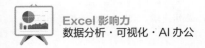

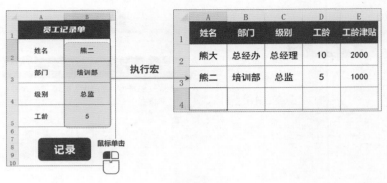

图 7-23

7.2 VBA 代码的编辑与使用

7.2.1 实例 124—— 一键拆分工作表：按列拆分

除了录制宏生成 VBA 代码外，还可以借助现成的 VBA 代码来提高办公效率。比较常见的就是使用 VBA 实现表格的拆分与合并。本实例首先讲解如何拆分工作表。为了保证宏正常顺利运行，可以先保存为启用宏的格式".xlsm"，并在旁边绘制一个矩形按钮，方便后续关联宏后直接单击运行，如图 7-24 所示。

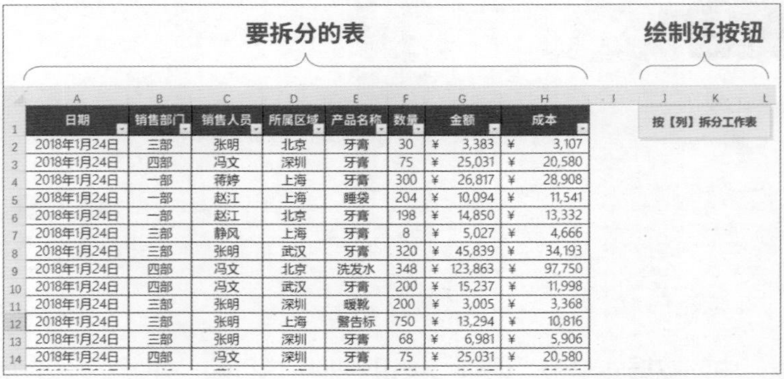

图 7-24

打开 VBE 编辑器，单击"开发工具"→"Visual Basic"，快捷键为 Alt+F11，继续单击"插入"→"模块"，右侧就会用可以放代码的窗格了，如图 7-25 所示。

图 7-25

在代码窗格中，输入以下代码：

```vba
Sub SplitByColumn()
    Dim ws As Worksheet
    Dim columnToSplit As Range
    Dim newWs As Worksheet
    Dim dict As Object
    Dim cell As Range
    Dim lastRow As Long
    Dim i As Long

    ' 创建输入框，询问用户要按哪一列拆分
    Dim columnHeader As String
    columnHeader = InputBox("请输入要按哪一列拆分工作表：")
    If columnHeader = "" Then Exit Sub

    ' 确保输入的列标题存在于第一个工作表
    Set ws = ThisWorkbook.Worksheets(1)
    Set columnToSplit = ws.Rows(1).Find(columnHeader, LookIn:=xlValues, _
        Lookat:=xlWhole)
```

```
    If columnToSplit Is Nothing Then
        MsgBox "找不到列标题，请重新输入。"
        Exit Sub
    End If

    ' 创建字典对象，用于存储每个唯一值对应的工作表
    Set dict = CreateObject("Scripting.Dictionary")

    ' 遍历要拆分的列，并将数据存储到字典对象中
    lastRow = ws.Cells(ws.Rows.Count, columnToSplit.Column).End(xlUp).Row
    For i = 2 To lastRow ' 从第 2 行开始，跳过列标题
        Set cell = ws.Cells(i, columnToSplit.Column)

        ' 检查字典对象中是否已存在当前值对应的工作表
        ' 如果存在，则将当前行的数据复制到对应工作表的下一行
        ' 如果不存在，则创建一个新的工作表，并将当前行的数据复制到第一行
        If dict.exists(cell.Value) Then
            Set newWs = dict(cell.Value)
            newWs.Cells(newWs.Rows.Count, columnToSplit.Column).End(xlUp).
            Offset(1).EntireRow.Value = ws.Rows(i).Value
        Else
            Set newWs = ThisWorkbook.Worksheets.Add(After:=ThisWorkbook.
                        Worksheets(ThisWorkbook.Worksheets.Count))
            newWs.Name = cell.Value
            newWs.Rows(1).Value = ws.Rows(1).Value ' 复制列标题
            newWs.Rows(2).Value = ws.Rows(i).Value ' 复制当前行的数据
            dict.Add cell.Value, newWs

        End If
    Next i
End Sub
```

关闭 VBE 窗口，右击按钮形状，选择快捷菜单中的"指定宏"命令，弹出"指定宏"对话框，单击"宏名"列表框中的名称，单击"确定"按钮，如图 7-26 所示。

图 7-26

此时单击刚刚关联了宏的按钮形状就能执行宏，在弹出的对话框中，输入需要按哪列拆分，如这里输入"销售人员"，单击"确定"按钮后，就会按销售人员拆分工作表，每个销售人员有独立的一个工作表，效果如图 7-27 所示。

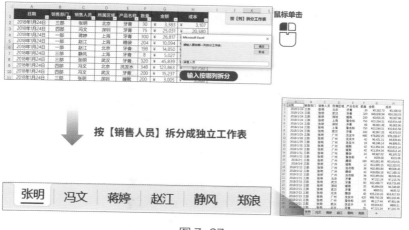

图 7-27

259

实例 125—— 一键合并工作表：多表合一

对于合并多个工作表也是可以采用类似的方法，只是需要将代码换一下，使用多表合并为一表的 VBA 代码，具体如下。

```vba
Sub MergeSheetsWithFirstHeader()
    Dim ws As Worksheet
    Dim mergedWs As Worksheet
    Dim lastRow As Long
    Dim copiedRange As Range
    Dim destRow As Long

    ' 创建一个名为 " 合并结果 " 的新工作表，用于存储合并后的数据
    Set mergedWs=ThisWorkbook.Sheets.Add(After:=ThisWorkbook.Sheets _
                (ThisWorkbook.Sheets.Count))
    mergedWs.Name=" 合并结果 "

    ' 获取第一个工作表的表头
    Set copiedRange=ThisWorkbook.Sheets(1).Rows(1)
    copiedRange.Copy mergedWs.Cells(1, 1)

    ' 循环遍历所有工作表
    For Each ws In ThisWorkbook.Sheets
        ' 跳过合并结果工作表
        If ws.Name <> mergedWs.Name Then
            ' 获取当前工作表的最后一行
            lastRow = ws.Cells(ws.Rows.Count, 1).End(xlUp).Row
            ' 复制数据区域（从第 2 行到最后一行，所有列）
            Set copiedRange = ws.Range("A2").Resize(lastRow - 1, ws.UsedRange. _
                            Columns.Count)
            ' 将复制的数据粘贴到合并结果工作表中的下一行
            destRow = mergedWs.Cells(mergedWs.Rows.Count, 1).End(xlUp). _
                    Offset(1).Row
            copiedRange.Copy mergedWs.Cells(destRow, 1)
        End If
```

```
    Next ws

    ' 删除多余的表头
    mergedWs.Rows(2).Delete

    ' 显示合并完成的弹窗提醒
    MsgBox "合并完成，请核对数据！"
End Sub
```

执行宏代码后，会有弹窗提醒，如图 7-28 所示。

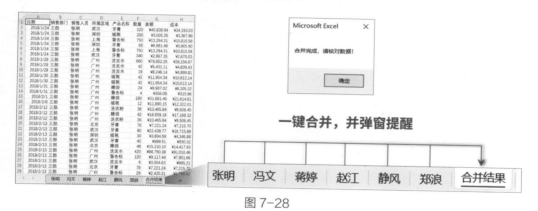

图 7-28

Chapter

08

AI 篇

人工智能，数据分析变得无所不能

随着人工智能技术的飞速发展，AI 在办公领域的应用也越来越多，如何借助 AI 的力量提高办公效率，尤其是数据分析效率，是当下每个数据分析人士需要思考的问题。

本章将结合比较成熟的 AI 大模型，讲解 AI 与 Excel 数据分析结合，用 AI 来提升效率。

8.1　常用 AI 大模型与应用

8.1.1　实例 126——AI 写代码：智能编写 VBA 代码

考虑到网络、政策、费用等因素，推荐大家使用国内的 AI 大模型。目前国内比较成熟、免费、不限次数的 AI 大模型主要有：豆包、文心一言、讯飞星火等。

1. 豆包

豆包是字节跳动公司基于云雀模型开发的 AI。使用它可以编写函数（代码）、生成文本、回答问题、进行对话等。网址：https://www.doubao.com/。如图 8-1 所示。

图 8-1

2. 文心一言

文心一言是百度公司推出的生成式对话产品，基于文心大模型技术。它能够与人对话互动，回答问题，提供知识和灵感，具备知识增强、检索增强和对话增强的技术特色。网址：https://yiyan.baidu.com/。如图 8-2 所示。

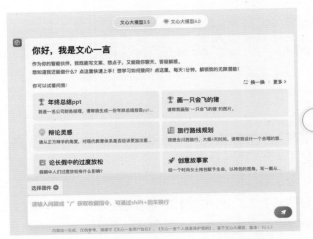

文心一言

https://yiyan.baidu.com/

图 8-2

3. 讯飞星火

讯飞星火认知大模型是科大讯飞公司研发的高级人工智能产品，利用自然语言处理和深度学习技术实现人机自然交流。它提供语言理解、问答、推理等服务，已取得显著成果，且应用高效、准确。如图 8-3 所示。

讯飞星火

https://xinghuo.xfyun.cn/

图 8-3

以上 AI 大模型，用法非常简单，以写 VBA 代码为例，只需要用自然语言描述需求给到它，它就会提供所需要的 VBA 代码。

提问为：

如何将一个文件夹中的多个工作簿的所有工作表合并到一个工作簿中，以工作表为单位，而不是将工作表的内容合并在一起？合并后的路径和文件名支持设定，请给我提供完整的 VBA 代码！

提问界面如图 8-4 所示。

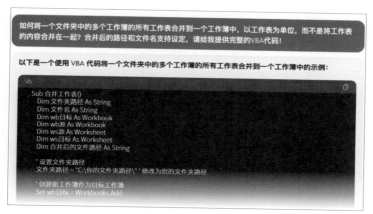

图 8-4

得到的代码会比较长，完整的代码如下。

```
Sub 合并工作表()
    Dim 文件夹路径 As String
    Dim 文件名 As String
    Dim wb目标 As Workbook
    Dim wb源 As Workbook
    Dim ws源 As Worksheet
    Dim ws目标 As Worksheet
    Dim 合并后的文件路径 As String

    ' 设置文件夹路径
    文件夹路径 = "C:\ 你的文件夹路径 \" ' 更改为你的文件夹路径

    ' 创建新工作簿作为目标工作簿
    Set wb目标 = Workbooks.Add
```

```
    ' 循环遍历文件夹中的每个文件
    文件名 = Dir( 文件夹路径 & "*.xlsx") ' 支持 .xlsx 格式, 如需支持 .xls 格式, 改为 "*.xls"
    Do While 文件名 <> ""
        If 文件名 <> ThisWorkbook.Name Then
            ' 打开源工作簿
            Set wb 源 = Workbooks.Open( 文件夹路径 & 文件名 )

            ' 循环遍历源工作簿中的每个工作表
            For Each ws 源 In wb 源 .Sheets
                ' 复制源工作表到目标工作簿
                ws 源 .Copy After:=wb 目标 .Sheets(wb 目标 .Sheets.Count)
            Next ws 源

            ' 关闭源工作簿
            wb 源 .Close SaveChanges:=False
        End If

        ' 继续下一个文件
        文件名 = Dir
    Loop

    ' 删除目标工作簿中的默认工作表 ( 第一个工作表 )
    Application.DisplayAlerts = False
    wb 目标 .Sheets(1).Delete
    Application.DisplayAlerts = True

    ' 保存合并后的工作簿到指定路径和名称
    合并后的文件路径 = "C:\ 指定路径 \ 指定名称 .xlsx" ' 更改为您要保存的指定路径和名称
    wb 目标 .SaveAs 合并后的文件路径

    ' 关闭目标工作簿
    wb 目标 .Close SaveChanges:=False

    ' 弹窗提示合并完成
    MsgBox "合并完成, 请核对数据! "
End Sub
```

将以上代码放到 VBE 编辑器中，修改代码中的路径名称和合并后的文件名为实际的，然后单击"运行"按钮，如图 8-5 所示。

图 8-5

此时就能实现多个工作簿文件合并成一个工作簿（以工作表为单位），效果如图 8-6 所示。

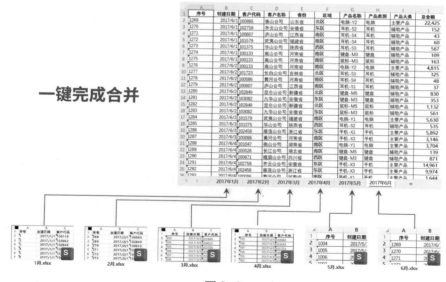

图 8-6

8.1.2 实例 127——AI 写公式：轻松搞定复杂公式

对于复杂的问题，公式编写往往也比较复杂。如果这个工作交给 AI 来做，就能大大提高效率，解放人力。只要将需要写公式的具体场景和需求以自然语言描述给 AI，AI 就能给出完整的函数公式。

1. 多条件判断

现在需要在 F 列写上函数公式，实现对 E 列数据的多条件判断，提问如下：

在 Excel 中，判断 E2 中的内容，如果大于 1000，则返回 ">1000"，否则继续判断是否大于 500 而且小于 1000，如果是，则返回 ">500"，其余结果则返回 "<500"。请提供完整的函数公式。

提问界面如图 8-7 所示。

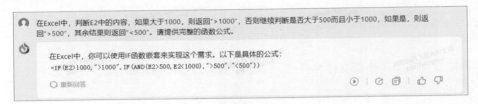

图 8-7

AI 大模型给出的公式如下：

=IF(E2>1000,">1000",IF(AND(E2>500,E2<1000),">500","<500"))

将该公式复制并粘贴到 F2 单元格中，双击填充，结果均完全正确，如图 8-8 所示。

把AI生成的公式复制到F2单元格

=IF(E2>1000,">1000",IF(AND(E2>500,E2<1000),">500","<500"))

	部门	姓名	证件号码	科目划分	发生额	多条件判断
2	人力资源部	常许	430722199302090037	工伤保险	258.00	<500
3	财务部	苏琪	322878198810102118	教育经费	1,066.25	>1000
4	销售部	杨明剑	110101199003077678	失业保险	1,068.00	>1000
5	人力资源部	葛珂良	130102200903073731	失业保险	1,058.00	>1000
6	销售部	张三	235407195106112745	工伤保险	1,073.00	>1000
7	培训部	熊俊琪	210203197503102721	教育经费	351.00	<500
8	销售部	杭建平	130821199103278829	教育经费	936.51	>500
9	商务部	熊大	438721198002030087	教育经费	1,069.55	>1000

结果正确

图 8-8

2. 提取出生日期

下面试试提取证件号中的出生日期，并返回日期格式。提问如下：

C2 单元格是身份证号码数据，请编写 Excel 公式，实现提取证件的出生日期，并返回日期格式。
提问界面如图 8-9 所示。

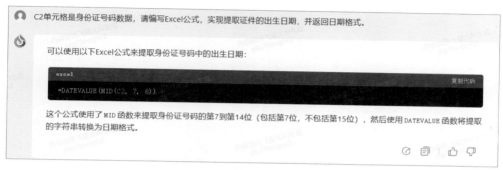

图 8-9

AI 大模型给出的函数是：=DATEVALUE(MID(C2, 7, 8))。

而该函数复制到 Excel 中，显示报错，代码为：#VALUE!。

没关系，继续将这个报错反馈给 AI 大模型，告诉它报错了，让它修改，如图 8-10 所示。

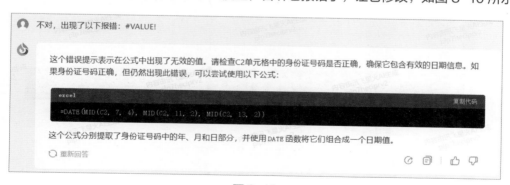

图 8-10

于是 AI 大模型又提供了新的函数公式：=DATE(MID(C2, 7, 4), MID(C2, 11, 2), MID(C2, 13, 2))。

粘贴到 Excel 的 G2 单元格中，再双击填充柄，结果均完全正确，如图 8-11 所示。

把AI生成的公式复制到G2单元格

=DATE(MID(C2, 7, 4), MID(C2, 11, 2), MID(C2, 13, 2))

	A	B	C	D	E	G
1	部门	姓名	证件号码	科目划分	发生额	提取出生日期
2	人力资源部	常许	430722199302090037	工伤保险	258.00	1993/2/9
3	财务部	苏琪	322878198810102118	教育经费	1,066.25	1988/10/10
4	销售部	杨明剑	110101199003077678	失业保险	1,068.00	1990/3/7
5	人力资源部	葛珂良	130102200903073731	失业保险	1,058.00	2009/3/7
6	销售部	张三	235407195106112745	工伤保险	1,073.00	1951/6/11
7	培训部	熊俊琪	210203197503102721	教育经费	351.00	1975/3/10
8	销售部	杭建平	130821199103278829	教育经费	936.51	1991/3/27
9	商务部	熊大	438721198002030087	教育经费	1,069.55	1980/2/3

结果正确

图 8-11

3. 内容提取与判断

将文字内容的提取和判断综合在一起，提问为：

提取 B2 单元格中左侧第 1 个字符，如果结果为"熊"，则返回结果"熊老师"，否则为"其他老师"

提问界面如图 8-12 所示。

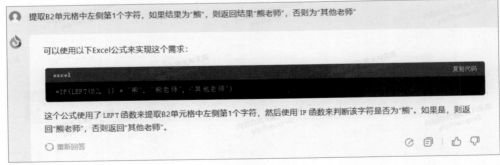

图 8-12

AI 大模型给出的函数公式为：=IF(LEFT(B2,1) = "熊","熊老师","其他老师")。

将该公式粘贴到 Excel 的 H2 单元格中，并双击填充柄，完成全部内容的填充，结果均正确，如图 8-13 所示。

把AI生成的公式复制到H2单元格

=IF(LEFT(B2, 1) = "熊", "熊老师", "其他老师")

	A	B	C	D	E	H
1	部门	姓名	证件号码	科目划分	发生额	判断熊老师
2	人力资源部	常许	430722199302090037	工伤保险	258.00	其他老师
3	财务部	苏琪	322878198810102118	教育经费	1,066.25	其他老师
4	销售部	杨明剑	110101199003077678	失业保险	1,068.00	其他老师
5	人力资源部	葛珂良	130102200903073731	失业保险	1,058.00	其他老师
6	销售部	张三	235407195106112745	工伤保险	1,073.00	其他老师
7	培训部	熊俊琪	210203197503102721	教育经费	351.00	熊老师
8	销售部	杭建平	130821199103278829	教育经费	936.51	其他老师
9	商务部	熊大	438721198002030087	教育经费	1,069.55	熊老师

结果正确

图 8-13

8.2 Excel 与 WPS 内置的 AI 功能

8.2.1 实例 128——分析数据：Excel 一键智能分析数据

对于很多新用户而言，学习各种技能和方法还是有一定的门槛。在当下这个人工智能的时代，软件已经将一些常用场景和功能融合进 AI 并内置在软件中，例如，微软 Excel 的 Microsoft 365 版本中的"分析数据"功能，如图 8-14 所示。

图 8-14

例如，想要分析表格的数据，单击表格中的任意数据单元格，单击"开始"→"分析数据"，右侧就会弹出基于数据的各种分析见解，如图 8-15 所示。

图 8-15

单击任意见解，就能直接将该见解导入 Excel 中，非常简单方便，如图 8-16 所示。

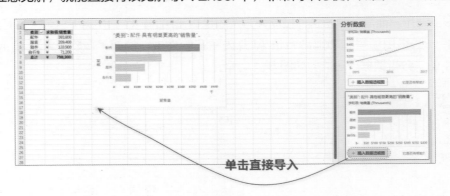

图 8-16

继续单击右上角的设置（齿轮图标），打开字段设置选项，可以勾选需要分析的字段，在右侧可以选择"值汇总依据"，设置完成以后，单击下方的"更新"按钮，就能按设置更新了，如图 8-17 所示。

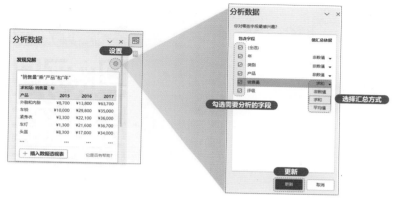

图 8-17

8.2.2　实例 129——洞察分析：WPS AI 智能分析数据文档

1. 开启 WPS AI

WPS AI 功能需要安装 AI 版的 WPS，打开浏览器，输入网址：https://ai.wps.cn/。选择"下载体验"选项，如图 8-18 所示。

图 8-18

安装好软件后，还需要有 AI 权益的账户，如果账户没有 WPS AI 权益，可以打开链接 https://www.kdocs.cn/aicode/apply?ch= xwbook24 **免费**申请领取（或扫码下方二维码），如图 8-19 所示。

图 8-19

拥有 AI 权益后使用权益账户登录，在 WPS 表格的功能选项卡最右侧就会多一个"WPS AI"，单击后右侧会弹出"WPS AI"窗口，其中提供了 3 种功能：洞察分析、AI 写公式、对话操作表格，不同账户的权益可能存在差异，如图 8-20 所示。

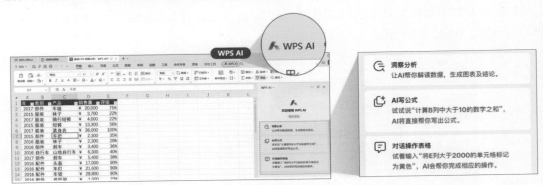

图 8-20

2. 洞察分析

下方的数据表格，想要快速进行数据分析并得出有价值的结论，可以直接单击数据区域任意单元格后，单击"洞察分析"，就会自动生成分析报告。如果希望查看更详细的分析图表，可以单击"更多分析"，就能打开"分析探索"窗格，里面会结合数据智能生成更多的分析图表的结果，单击可以直接插入文件中，非常方便，如图 8-21 所示。

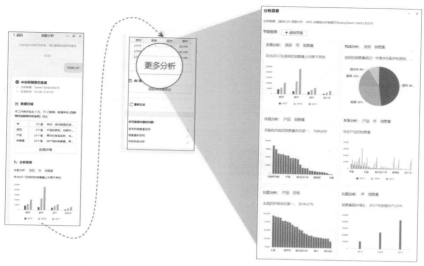

图 8-21

最后如果需要生成结论信息, 可以单击 "获取 AI 洞察结论", 会智能分析数据后, 结合 AI 分析得出结论性信息, 如图 8-22 所示。

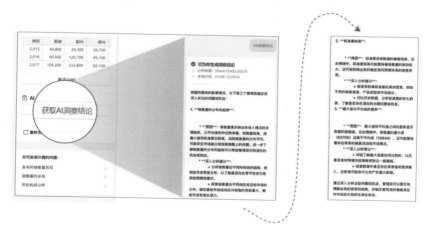

图 8-22

如果对于结果不满意, 可以单击 "重新生成", 生成新的结果。

8.2.3 实例 130——AI 写公式：WPS AI 帮忙写公式

只需要一条指令，WPS AI 就能很快理解并生成正确的函数公式。启用 AI 公式的方式比较简单，在单元格中输入"="，右侧就会多出 WPS AI 的图标，单击即可出现输入指令的对话框，如图 8-23 所示。

图 8-23

提问如下：

找出表中产品符合 I4 的数量最大的姓名。

问题结果如图 8-24 所示。

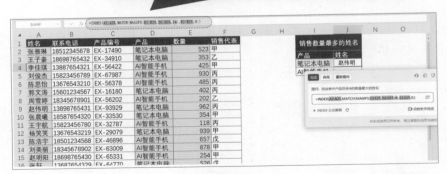

图 8-24

于是 WPS AI 就能理解以上需求，并提供了完整的函数公式：

=INDEX(A2:A25,MATCH(MAXIFS(E2:E25,D2:D25,I4),E2:E25,0))

单击"完成"按钮，就能得到结果。使用鼠标双击结果单元格，还能继续对公式进行修改，下方也能看到公式中各个参数的解释说明，如图 8-25 所示。

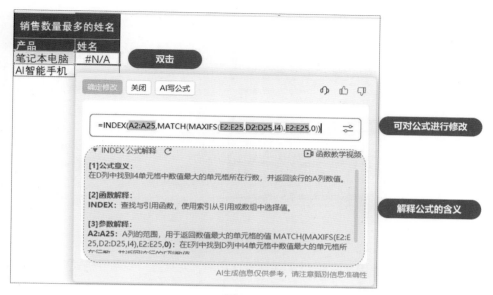

图 8-25

为了帮助大家更好地提问题，这里整理了"递进式多条件查找"提问题的公式，方便大家更好地使用 WPS AI，如图 8-26 所示。

图 8-26

8.2.4 实例 131——对话操作表格：WPS AI 帮你操作

对于表格的各种操作，WPS AI 也同样非常擅长。例如，下方的表格中，使用 WPS AI 的"快捷操作"。提问如下：

帮我把姓名中是 3 个字并且产品是笔记本电脑销售代表为甲的数据整行变成蓝色底白色字。

按 Enter 键后，就能一键智能实现相应的操作，而且完全符合提问的需求，比常规的操作方法高效不少，如图 8-27 所示。

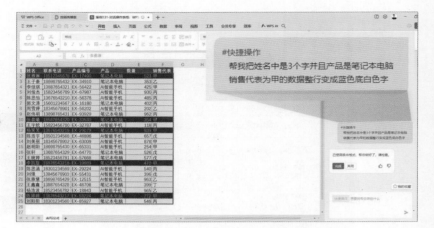

一键智能操作 ▶

图 8-27

为了方便大家更好地使用 WPS AI 的快捷操作功能，尤其是"多条件格式标记"问题，现在整理了一个推荐指令，如图 8-28 所示。

WPS AI 面对"多条件格式标记"问题，指令一般为：

把[列名/字段]是[条件]并且[列名/字段]是[条件]并且[列名/字段]含有[条件]的数据整行标记成[颜色]填充[颜色]文本。

图 8-28

8.2.5 实例 132——PY 脚本编辑器：AI+Python+WPS 表格

PY 脚本编辑器是金山 WPS 最新推出的功能强大的 Python 编辑器，可以直接在 WPS 表格（金山文档）中使用，无需安装任何其他软件和工具，再搭配 AI 辅助，就能很轻松地应对各种复杂的数据分析问题。

1. 启用 PY 脚本编辑器

在使用该功能之前，需要先在金山文档（网址：https://www.kdocs.cn/）中打开或新建一个智能表格或表格，放入数据，如图 8-29 所示。

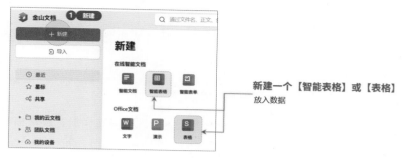

新建一个【智能表格】或【表格】
放入数据

图 8-29

依次单击上方的"效率"→"PY 脚本编辑器"，然后在下方选择开始方式，共提供了两种方式：创建空白脚本、从模板开始，如图 8-30 所示。

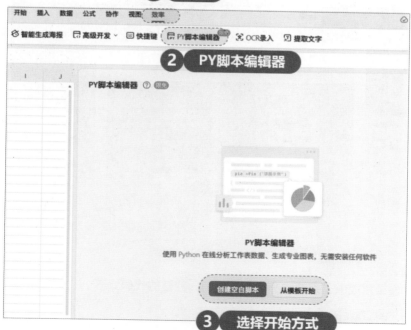

图 8-30

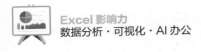
2.AI 写 Python 代码

将具体的情况和需求告诉 AI（前面提到的任意一个 AI 大模型），让其提供完整的 Python 代码。例如，提问如下。

现在有一张工作表，从 A 列到 H 列的标题分别是：总账单、小费、性别、是否吸烟、星期几、时间、聚餐人数、食物。

我想使用 Python 实现以下效果：制作一张柱形图和折线图的组合图，横坐标轴是星期几，柱形图记录当天的总账单金额，折线图记录每天吸烟为"是"的占比，使用次坐标轴。

请给我提供完整的 Python 代码。

提问界面如图 8-31 所示。

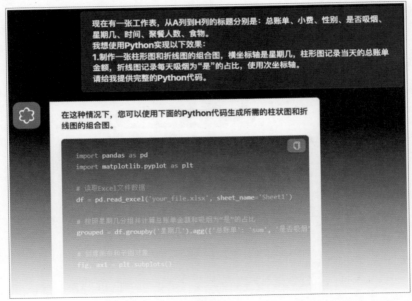

图 8-31

于是 AI 大模型就提供了完整的 Python 代码，完整的代码如下。

```
import pandas as pd
import matplotlib.pyplot as plt
```

```python
# 读取 Excel 文件数据
df=pd.read_excel('your_file.xlsx', sheet_name='Sheet1')

# 按照星期几分组并计算总账单金额和吸烟为"是"的占比
grouped=df.groupby('星期几').agg({'总账单': 'sum', '是否吸烟': lambda x: sum(x
== '是') / len(x)})

# 创建画布和子图对象
fig, ax1 = plt.subplots()

# 绘制柱形图
ax1.bar(grouped.index, grouped['总账单'], label='总账单金额', color='b')
ax1.set_xlabel('星期几')
ax1.set_ylabel('总账单金额')
ax1.set_title('总账单金额和吸烟占比')
ax1.legend(loc='upper left')

# 创建次坐标轴
ax2 = ax1.twinx()

# 绘制折线图
ax2.plot(grouped.index, grouped['是否吸烟'], label='吸烟占比', color='r',
marker='o')
ax2.set_ylabel('吸烟占比')
ax2.set_ylim(0, 1)
ax2.yaxis.set_major_locator(plt.MaxNLocator(5))

# 显示图例
ax2.legend(loc='upper right')

plt.tight_layout()
plt.show()
```

将该代码复制到 PY 脚本编辑器的代码区中，然后将读取数据的范围调整为表中的数据范围，如图 8-32 所示。

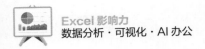

修改此行代码，读取数据
范围为表中的数据范围

```
# 读取Excel文件数据
df = xl("$A$1:$H$245", headers=True, sheet_name="Sheet1")
```

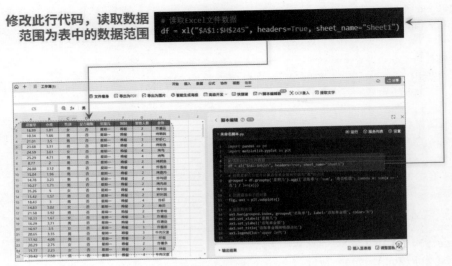

图 8-32

检查无误后，单击"运行"按钮，就能在右侧下方看到运行的结果，如图 8-33 所示。

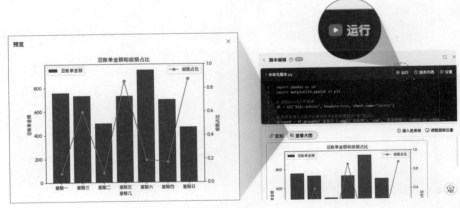

图 8-33